FAO中文出版计划项目丛书

全球黑土现状

联合国粮食及农业组织　编著

高战荣　等　译

中国农业出版社
联合国粮食及农业组织
2025·北京

引用格式要求：

粮农组织。2022。《全球黑土现状》。中国北京，中国农业出版社。https://doi.org/10.4060/cc3124zh

ISSN 978-92-5-137309-5（粮农组织）

ISSN 978-7-109-33181-5（中国农业出版社）

CONTRIBUTORS | 撰 稿 者 |

以下所有姓名按照字母顺序排序。

本书总体协调：

Ronald Vargas Rojas，粮农组织全球
土壤伙伴关系

总编辑：

Andrew Murray，粮农组织全球土壤
伙伴关系

Rosa Cuevas Corona，粮农组织全球
土壤伙伴关系

Yuxin Tong，粮农组织全球土壤伙伴
关系

协调主笔作者：

Ivan Vasenev，俄罗斯

Luca Montanarella，欧洲委员会联合
研究中心

Lúcia Helena Cunha dos Anjos，巴西

Marcos Esteban Angelini，粮农组织
全球土壤伙伴关系

Pavel Krasilnikov，俄罗斯

William May，加拿大

1 引言

主笔作者：

Ivan Vasenev，俄罗斯

Rosa Cuevas Corona，粮农组织全球

土壤伙伴关系

撰稿作者：

Alexei Sorokin，俄罗斯

Lúcia Helena Cunha dos Anjos，巴西

Maria Konyushkova，粮农组织全球
土壤伙伴关系

Yuxin Tong，粮农组织全球土壤伙伴
关系

2 黑土的全球分布及特征

主笔作者：

Marcos Esteban Angelini，粮 农 组 织
全球土壤伙伴关系

撰稿作者：

Ademir Fontana，巴西

Ahmad Landi，伊朗

Ahmet R. Mermut，加拿大

Ana Laura Moreira，乌拉圭

Artur Łopatka，波兰

Beata Labaz，波兰

Belozertseva Irina，俄罗斯

Bert VandenBygaart，加拿大

Bezuglova Olga，俄罗斯

Boris Pálka，保加利亚

Bożena Smreczak，波兰

Carlos Clerici，乌拉圭

Carlos Roberto Pinheiro Júnior，巴西

Charles Ferguson，美国

Chernova Olga，俄罗斯

Cornelius Wilhelm Van Huyssteen，南非

Curtis Monger，美国

Dan Wei，中国

Darío M. Rodríguez，阿根廷

David Lindbo，美国

Dedi Nursyamsi，印度尼西亚

Destika Cahyana，印度尼西亚

Dylan Beaudette，美国

Erlangen Nuremberg，叙利亚

Feng Liu，中国

Fernando Fontes，乌拉圭

Flávio Pereira de Oliveira，巴西

Ganlin Zhang，中国

Golozubov Oleg，俄罗斯

Gonzalo Pereira，乌拉圭

Guillermo Schulz，阿根廷

Gustavo de Mattos Vasques，巴西

Hamza Iaaich，摩洛哥

Héctor J. M. Morrás，阿根廷

Hussam Hag Husein，叙利亚

Ivan Vasenev，俄罗斯

Joan Sebastian Gutiérrez Díaz，哥伦比亚

Jorge Ivelic-Sáez，智利

Jozef Kobza，斯洛伐克

Juan Carlos de la Fuente，阿根廷

Juanxia He，加拿大

Khitrov Nikolai，俄罗斯

Lady Marcela Rodríguez Jiménez，哥
    伦比亚

Lei Wang，中国

Leonardo Tenti Vuegen，阿根廷

Liang Jin，中国

Lucas M. Moretti，阿根廷

Lúcia Helena Cunha dos Anjos，巴西

Luís Antônio Coutrim dos Santos，巴西

Marco Pfeiffer，智利

Marcos Esteban Angelini，阿根廷

Marcos Gervasio Pereira，巴西

Mario Guevara Santamaria，墨西哥

Martha Bolaños-Benavides，哥伦比亚

Martin Dell'Acqua，乌拉圭

Martin Saksa，保加利亚

Maurício Rizzato Coelho，巴西

Milton César Costa Campos，巴西

Miteva Nevena，保加利亚

Napoleón Ordoñez Delgado，哥伦比亚

Ochirbat Batkhishig，蒙古国

Pedro Karin Serrato Alcarez，哥伦比亚

Rachid Mousssadek，摩洛哥

Ricardo de Oliveira Dart，巴西

Ricardo Simão Diniz Dalmolin，巴西

Roza Orozakunova，吉尔吉斯斯坦

Sergio Radic，智利

Shishkov Toma，保加利亚

Skye Angela Wills，美国

Stephen Roecker，美国

Susana Valle，智利

Suzann Kienast-Brown，美国

Svitlana Nakisko，乌克兰

Thomas W. Kuyper，荷兰

Vadym Solovei，乌克兰

Vasyl Cherlinka，乌克兰

Veronica Reynoso De La Mora，墨西哥

Vitalii Lebed，乌克兰

William Andrés Cardona，哥伦比亚

Xiaoyuan Geng，加拿大

Yan Li，中国

Ying Zhang，中国

Yiyi Sulaeman，印度尼西亚

Yurii Zalavskyi，乌克兰

Yusuf Yigini，粮农组织全球土壤伙伴关系

Yusuke Takata，日本

Zheng Sun，中国

3 黑土的现状与挑战

主笔作者：

Pavel Krasilnikov，俄罗斯

撰稿作者：

Ademir Fontana，巴西

Ahmad Landi，伊朗

Ahmet R. Mermut，加拿大

Beata Labaz，波兰

Bożena Smreczak，波兰

Carlos Roberto Pinheiro，巴西

Cornelius Wilhelm（Cornie）Van Huyssteen，南非

Curtis Monger，美国

Flávio Pereira de Oliveira，巴西

Héctor J. M. Morras，阿根廷

Hussam Hag Husein，叙利亚

Jorge Ivelic-Sáez，智利

Kathia Peralta，墨西哥

Lei Wang，中国

Lúcia Helena Cunha dos Anjos，巴西

Luís Antônio Coutrim dos Santos，巴西

Marco Pfeiffer，智利

Marcos Gervasio Pereira，巴西

Martha Marina Bolanos-Benavides，哥伦比亚

Miguel Angel Taboada，阿根廷

Milton César Costa Campos，巴西

Ricardo Simão Diniz Dalmolin，巴西

Roza Orozakunova，吉尔吉斯斯坦

Sergejus Ustinov，粮农组织全球土壤伙伴关系

Sergio Radic，智利

Susana Valle，智利

Thomas W. Kuyper，荷兰

Vasyl Cherlinka，乌克兰

Wilian Demetrio，巴西

William Andrés Cardona，哥伦比亚

Ying Zhang，中国

Yuriy Dmytruk，乌克兰

Yusuke Takata，日本

4 黑土的可持续管理：从实践到政策

主笔作者：

Luca Montanarella，欧洲委员会联合研究中心

William May，加拿大

Yuxin Tong，粮农组织全球土壤伙伴关系

撰稿作者：

Ademir Fontana，巴西

Anatoly Klimanov，俄罗斯

Anna Kontoboytseva，俄罗斯

Arcangelo Loss，巴西

Bayarsukh Noov，蒙古国

Beata Łabaz，波兰

Bożena Smreczak，波兰

Cai Hongguang，中国

Carlos Clerici，乌克兰

Carolina Olivera Sanchez，粮农组织全球土壤伙伴关系

Deliang Peng，中国

Elena Timofeeva，俄罗斯

Élvio Giasson，巴西

Enkhtuya Bazarradnaa，蒙古国

Fan Wei，中国

Fernando Fontes，乌拉圭

Gonzalo Pereira，乌拉圭

Hakkı Emrah Erdogan，土耳其

Hussam Hag Husein，叙利亚

Ievgen Skrylnyk，乌克兰

Jaroslava Sobocká，斯洛伐克

Jianhua Qu，中国

Jihong Liu Clarke，挪威

Jingkuan Wang，中国

Jiubo Pei，中国

Julia Franco Stuchi，巴西

Konyushkova Maria，粮农组织全球土壤伙伴关系

Leandro Souza da Silva，巴西

Liang Yao，中国

Lyudmila Vorotyntseva，乌克兰

Mamytkanov Sovetbek，吉尔吉斯斯坦

Martha Marina Bolaños-Benavides，哥伦比亚

Martin Entz，加拿大

Maryna Zakharova，乌克兰

Mervin St. Luce，加拿大

Michael P. Schellenberg，加拿大

Mike Schellenberg，加拿大

Mykola Miroshnichenko，乌克兰

Nicholas Clarke，挪威

Nuntapon Nongharnpitak，泰国

Nyamsambuu N，蒙古国

Orozakunova Roza Tursunovna，吉尔吉斯斯坦

Patricia Carfagno，阿根廷

Ricardo Bergamo Schenato，巴西

Selim Kapur，土耳其

Shuming Wan，中国

Siri Dybdal，挪威

Sviatoslav Baliuk，乌克兰

Thomas W. Kuyper，荷兰

Toma Angelov Shishkov，保加利亚

Vern Baron，加拿大

Victoria Hetmanenko，乌克兰

William Andrés Cardona，哥伦比亚

Xiangru Xu，中国

Xiaoyu Liu，中国

Xiaoyuan Geng，加拿大

Xingzhu Ma，中国

Xueli Chen，中国

Ying Zhang，中国

5 结论与建议

主笔作者：

Ronald Vargas Rojas，粮农组织全球土壤伙伴关系

Rosa Cuevas Corona，粮农组织全球土壤伙伴关系

撰稿作者：

Yuxin Tong，粮农组织全球土壤伙伴关系

本书审阅者：

政府间土壤技术小组（ITPS）

Lúcia Helena Cunha dos Anjos，巴西

联合国粮食及农业组织（FAO）

Carolina Sanchez Olivera，粮农组织全球土壤伙伴关系

Lifeng Li，粮农组织

Natalia Eugenio Rodriguez，粮农组织全球土壤伙伴关系

Nora Berrahmouni，粮农组织

Sasha Koo Oshima，粮农组织

国际黑土联盟（INBS）

Ademir Fontana，巴西

Baoguo Li，中国

Bozena Smreczak，波兰

Carlos Clérici，乌拉圭

Chandra Risal，尼泊尔

Enkhtuya Bazarradnaa，蒙古国

Giorgi Ghambashidze，格鲁吉亚

Hakkı Emrah Erdogan，土耳其

Hussam Hag Mohame Husein，叙利亚

Ivan Vasenev，俄罗斯

Jie Liu，中国

Jose da Graca Tomo，莫桑比克

Kutaiba M. Hassan，伊拉克

Luca Montanarella，欧洲委员会联合研究中心

Marcos Esteban Angelini，阿根廷

Mario Guevara Santamaria，墨西哥

Markosyan Albert，亚美尼亚

Martin Saksa，保加利亚

Matshwene E. Moshia Ⅲ，南非

Mykola Miroshnychenko，乌克兰

Napoleón Ordóñez Delgado，哥伦比亚

Pachikin Konstantin，哈萨克斯坦

Rachid Moussadek，摩洛哥

Rodica Sîrbu，摩尔多瓦

Rodrigo Patricio Osorio Hermosilla，智利

Roza Orozakunova，吉尔吉斯斯坦

Skye Angela Wills，美国

Stalin Sichinga，赞比亚

Sunsanee Arunyawat，泰国

Tamás Hermann，匈牙利

Toma Shishkov，保加利亚

Tusheng Ren，中国

Xiaoyuan Geng，加拿大

Yakov Kuzyakov，德国

Yiyi Sulaeman，印度尼西亚

▌前　言▐ FOREWORD

　　我们的粮食95%来源于土壤。凭借丰富的有机质含量和高肥力特性，黑土在所有土壤类型中另具一格。黑土生产力高，可提供丰富的生态系统服务，享有"世界的食物篮子"的美誉，且数百年来与人类福祉息息相关。在中国，黑土自古以来就与健康和繁荣联系在一起。在南美洲，世代耕耘的黑土地不仅保障了当地居民的生存和生计，还通过传统农业的最佳实践促进了生物多样性的保护。

　　数世纪以来，这些肥沃的土壤一直是全球粮食生产的重要基石，在谷物、块茎作物、油料作物、牧草和饲料种植系统中均发挥了关键作用。尽管黑土带仅占全球土地总面积的5.6%，但这些黑土不仅养活了黑土带2.23亿人口，还通过农产品出口满足了全球数百万人口的粮食需求，从而对全球经济发展和粮食安全作出了巨大贡献。

　　2021年，全球超过8.28亿人面临粮食不安全问题，而全球化肥危机也愈加严重，在此背景下，土壤（尤其是黑土）的作用比以往任何时候都重要。保护、可持续管理和恢复我们的土壤对于应对粮食不安全、贫困、气候危机、生物多样性丧失及土地退化等全球挑战至关重要。

　　事实证明，土壤有机碳固存是适应和减缓气候变化较具效益的选择之一。在这一领域，黑土显得尤为重要，因为黑土有机碳储量占全球总量的8.2%，土壤有机碳固存潜力也占全球总潜力的10%。

　　尽管全球已有31%的黑土被开垦，但仍有大片黑土区覆盖着原始森林和草地植被。黑土具有丰富的生物多样性和较高的土壤有机碳含量，这对于推动气候行动、确保可持续且有韧性的生计以及保障粮食安全至关重要，因此，保护这些未开垦的黑土应当成为全球保护工作的优先事项。

　　然而，这一丰富的宝贵资源正面临威胁。大部分黑土已经损失了至少一半的土壤有机碳储量，并因土地利用变化（从自然草原转变为耕作土地）、不可持续的利用方式和农用化学品的过度使用而遭受中度乃至重度的侵蚀，同时还伴随着养分失衡、土壤酸化、土壤压实和土壤生物多样性丧失等问题。此外，气候变化也进一步加剧了黑土的损失。

　　联合国粮食及农业组织通过其全球土壤伙伴关系，正致力于黑土的保护和可持续管理。为此，联合国粮食及农业组织成立了国际黑土联盟，并于近期发布了全球黑土分布图，首次尝试全面概述全球黑土的现状。联合国粮食及农业组织重视黑土的益处及面临的挑战和机遇，并提出了支持黑土可持续发展的建议行动。

我要向国际黑土联盟、世界杰出的黑土科学家和专家以及所有为这一重要报告的编写作出贡献的联合国粮食及农业组织成员和合作伙伴表示感谢，感谢你们提高了公众对黑土重要性的认识、为黑土保护铺平了道路。

希望所有利益相关者和拥有黑土的国家能够利用本报告的调查结果和建议，保护、可持续利用和修复黑土，以确保当前和未来几代人的粮食安全、可持续发展和健康福祉。

联合国粮食及农业组织总干事

ACKNOWLEDGEMENTS 致 谢

　　本报告的顺利完成，得益于数百位专家的辛勤付出和专业知识，以及众多政府部门、机构和合作伙伴的协作与支持。在此，我们特别感谢国际黑土联盟，感谢其成员欣然同意编撰此报告并为此作出了巨大贡献。同时，我们衷心感谢全球顶尖的黑土研究专家，他们慷慨地奉献了自己的时间、热情和精力，为本报告的撰写倾注了心血。还要特别感谢编委会、主笔作者、撰稿作者、审稿者、编辑团队，以及政府间土壤技术小组为这份报告作出的宝贵贡献。此外，我们还要向所有慷慨分享精美照片和艺术作品的摄影师、科学家和艺术家表示深深的谢意，正是这些作品让本报告更加生动、深刻地展现了黑土的重要性。我们也要感谢相关大学、研究机构和政府部门支持其科学家参与这项重要工作。最后，我们谨代表联合国粮食及农业组织全球土壤伙伴关系（FAO-GSP），感谢俄罗斯、瑞士及澳大利亚政府为本报告的编撰和出版提供的资金支持。

缩略语 ACRONYMS

ADEs	亚马孙黑土	ISBS18	2018年国际黑土研讨会
App	应用	ITPS	政府间土壤技术小组
BD	容重	IUSS	国际土壤科学联盟
CCFM	堆肥复合肥混合物	JRC	欧洲委员会联合研究中心
CCs	覆盖作物	LRR	土地资源区
CEC	阳离子交换量	LS	长度和坡度
CIESIN	国际地球科学信息网络中心	MAFF	日本农林水产省
		MARA	中国农业农村部
CT	传统耕作	MERIT DEM	多重误差消除改进地形数字高程模型
DSM	数字土壤制图		
EC	电导率	MODIS	中分辨率成像光谱仪
EPA	环境保护法	MP	铧式犁
ES	生态系统服务	NDVI	归一化植被指数
EVL	特别有价值的土地	NENA	近东和北非
FAO	联合国粮食及农业组织	NNP	自然国家公园
F/B	真菌/细菌	NPP	植被净初级生产力
GBSmap	全球黑土分布图	NT	免耕
GHG	温室气体	PAC	磷酸盐吸附系数
GHGEs	温室气体排放	POPs	持久性有机污染物
GPS	全球定位系统	RAW	易利用有效水分
GSOC17	全球土壤有机碳研讨会	RECSOIL	全球土壤再碳化
GSOCmap	全球土壤有机碳分布图	RUSLE	修正的通用土壤流失方程
INBS	国际黑土联盟	SAT	作物秸秆改良
INSPIRE	欧洲空间信息基础设施	SCP	土壤保护项目
IPCC	政府间气候变化专门委员会	SL	沙壤土
		SOC	土壤有机碳
IPHAN	国家历史与艺术遗产研究院	SOM	土壤有机质
		SPB	土壤保护委员会

SSCRI	土壤科学与保护研究所	UNEP	联合国环境规划署
SSM	可持续土壤管理	USDA	美国农业部
SUMP	土壤利用与管理计划	VGSSM	可持续土壤管理自愿准则
TOC	土壤总有机碳		

执行概要 EXECUTIVE SUMMARY

黑土因其丰富的有机质含量以及天然的高肥力特性而世世代代备受珍视。正是由于黑土这种天然的高肥力特性，近1/3的自然生态系统（包括草原和森林）被用于农业生产。尽管全球仅约17%的农田分布在黑土区，但2010年，全球66%的葵花籽、51%的小米、42%的甜菜、30%的小麦和26%的马铃薯均产自黑土区。当前黑土核心区域的冲突导致全球粮食供应链中断，这更加凸显了黑土在作物生产中的重要性。

随着人类活动引发的气候变化危机日益加剧，人们对黑土有机质固碳重要性的认识也日益加深。尽管黑土带仅占全球土地总面积的5.6%，覆盖了7.25亿公顷的土地，但其土壤有机碳（SOC）储量却占全球总量的8.2%，约合560亿吨碳。土壤从大气中吸收碳并将其固定在土壤有机质中的能力（即固碳能力）近期被视为缓解气候变化的重要手段。全球土壤有机碳封存能力分布图（GSOCseq map）显示，黑土的固碳潜力占全球土壤有机碳固存总潜力的10%。

为了持续认识和普及黑土的重要性，联合国粮食及农业组织全球土壤伙伴关系于2017年成立了国际黑土联盟（INBS），该联盟不仅促成各方对黑土的定义达成一致，还绘制了首张全球黑土分布图（GBSmap）。这项工作对于明确黑土分布区域、评估其面临的威胁以及实施有效的管理应对措施至关重要。

黑土的主要分布区域包括欧亚大陆（俄罗斯3.268亿公顷、哈萨克斯坦1.08亿公顷、乌克兰3 400万公顷）、亚洲（中国5 000万公顷、蒙古国3 900万公顷）、北美洲（美国3 100万公顷、加拿大1 300万公顷）和拉丁美洲（阿根廷4 000万公顷、哥伦比亚2 500万公顷、墨西哥1 200万公顷）。在这些地区，黑土大多位于广阔的中纬度草原，如阿根廷潘帕斯草原、北美大平原、中国的东北黑土区以及乌克兰和俄罗斯的森林草原和大草原地区。在上述地区，未受干扰的黑土曾是复杂的穴居土壤动物群的栖息地，土壤动物的活动将草本植物有机质混入矿质土壤的上层，逐渐形成了一层厚厚的黑色表土。尽管这些地区的草原已大规模转化为农田，但仍有约37%的黑土地保留着原始草原。国际黑土联盟发布的全球黑土分布图还显示，黑土也广泛分布在森林环境中，在俄罗斯和加拿大分布最为广泛，总计约29%的黑土被森林覆盖。

较小面积的黑土则形成于火山灰沉积区、湿地及高山地区，如在日本的火山灰沉积区分布着小面积黑土；而在湿地区，水分减缓了有机物的分解进程；在高山地区，寒冷的气候起到同样的减缓效果，使得土壤有机物得以积累，进而形成黑土区。此外，在一些重要区域，农民经过数十年乃至数百年的土地利用，向土壤中添加有机物质，也促进了黑土的形成，其中最著名的可能是亚马孙河流域的印第安黑土（Terra Preta do Índio），这些黑土是通过土著群体数百年来不断添加木炭和其他有机物质形成的。在欧洲，人们持续向土壤中添加粪肥和水稻秸秆形成了堆肥土壤（Plaggen Soils）。亚马孙流域的印第安黑土和欧洲的堆肥土都证明了人类通过管理实践从根本上改变土壤性质的能力。

黑土面临的最大威胁是有机质的流失，这主要是由于自然景观向农业用地的转变及对黑土农田的持续管理不当。许多针对黑土区的研究表明，当草原黑土或森林黑土转变为农业用地时，原始土壤有机质损失高达20% ～ 50%。这些初始损失主要发生在土壤耕作过程中：农业耕作破坏了土壤中的稳定团聚体，使受保护的土壤有机质暴露在外，从而被微生物分解。随着时间的推移，分解过程中释放的二氧化碳也显著增加了大气中的碳含量。

耕作黑土有机质的持续损失主要源于侵蚀作用，这一过程涉及土壤颗粒（包括有机质）的物理搬运。流水侵蚀会影响所有类型的土壤，而在原本为草原的地区，黑土所面临的风蚀问题尤为严重，主要原因是这些土壤所处区域的干燥气候导致了较高的风蚀率。北美黑土区在20世纪30年代遭受了很严重的风蚀破坏，沙尘暴也引发了呼吸道疾病等多种不良后果，造成居民和动物死亡、农田荒废，饥荒和贫困在北美洲蔓延。研究证明，侵蚀造成的持续流失的土壤有机质含量已经抵消了碳固存增加的土壤有机质含量，因此控制此类土壤侵蚀至关重要。此外，养分失衡和物理结构恶化也被视为黑土面临的主要威胁。在一些地区，随着城市化进程的推进，土壤盐碱化、土壤污染和土壤封闭等现象也时有发生。

幸运的是，黑土已被证明非常适合采用少耕和免耕种植方式（也被称为保护性耕作）。这类耕作方式最大限度地减少或消除了耕作工具对土壤表面的干扰，并在土壤表面留下了一层作物残茬覆盖物。这层覆盖物减少了水分蒸发，并使土壤免受风蚀、水蚀以及耕作引发的侵蚀。在阿根廷潘帕斯草原和北美大平原，少耕和免耕尤为普遍。

本书强调了两个主要目标及其重要性：一是保护草原、森林和湿地黑土的自然植被；二是在耕作黑土地上采用可持续的土壤管理方法。保护自然覆盖物可以保护黑土丰富的有机质，防止其分解并向大气中释放大量二氧化碳。而采用少耕和免耕等可持续管理措施，可以使土壤有机质含量保持稳定并有所增加（在理想情况下）。尽管改进管理措施主要在个体农场层面上进行，但保护自然景观往往需要开发一整套系统以监测黑土的状况和变化，并从地方和国家层面进行治理。目前，只有中国制定了法律来保护黑土并鼓励加强对黑土的可持续管理。

在本书中，国际黑土联盟强调了黑土在农业生产中的广泛应用及重要性，并致力于应对大气碳含量上升带来的全球性威胁及气候变暖问题。本书呈现了许多土壤管理和治理的实用案例，旨在为全球黑土区采纳更为先进的管理方法提供启示。

CONTENTS **目　录**

1 引　言

1.1　背景介绍

黑土，尤其是俄罗斯大草原上的黑钙土[①]最早由瓦西里·多库恰耶夫（Vasily Dokuchaev）进行描述。鉴于黑土巨大的经济、社会和环境重要性，多库恰耶夫将其誉为"土壤之王""大自然的第四王国"（Moon，2020）。

黑土是一种独特的土壤类型，具有土层深厚、色暗、有机质含量高等特点。由于其天然高肥力，黑土在亚洲被誉为"世界的食物篮子""耕地中的大熊猫"。数十年来，这些肥沃的土壤被广泛用于耕作，并在全球谷物、块茎作物、油料作物、牧草和饲料系统的生产中发挥了关键作用。尽管黑土带仅占据全球土地总面积的5.6%，但这些黑土不仅养活了黑土带2.23亿人口，还通过农产品出口满足了全球数百万人口的粮食需求，从而为全球经济作出了贡献。据估计，2010年全球66%的葵花籽、51%的小米、42%的甜菜、30%的小麦和26%的马铃薯均产自黑土区（FAO，2022）。在全球范围内，大约1/3的黑土被用于农作物种植，1/3的黑土被草原覆盖，另外的1/3则被森林覆盖。然而，这种分布情况在不同地区存在显著差异（FAO，2022）。

大部分黑土已经演化为有利于草原植被生长的土地，草原植被具有丰富的动植物多样性，其中包括土壤生物多样性。这为土壤健康和关键生态系统服务提供了支持，如支持水分保持、碳固存、养分循环、气候调节等生态服务。位于俄罗斯库尔斯克地区的V.V.阿廖欣中央‒黑钙土生物圈国家保护区（V.V. Alekhin Central–Chernozem Biosphere State Reserve），就是一个保存完好的生态系统典范，保护区内拥有7 200种生物、残遗植被和稀有植物种群。此类原始生态系统可以作为监测土壤健康的参照点（俄罗斯联邦自然资源和生态部，2022）。

---

① 黑钙土被定义为黑色或深棕色土壤，富含充分腐熟的有机质。有机层厚度至少为40厘米，具有高盐基（Mg^{2+}和Ca^{2+}）饱和度、酸碱度中性、明显的生物扰动和稳定的团聚体结构。

此外，黑土区还可作为多种生物（微生物和大型动物）的生物多样性热点，这在墨西哥、哥伦比亚和巴西南部的热带地区尤为明显。

"黑土"一词涵盖不同类型的土壤，但这些土壤均具有中到高等的土壤有机碳水平。这些有机碳来源于动植物残留物的分解，从而形成有机质。黑土对于减缓与适应气候变化发挥着至关重要的作用，主要是因为黑土有机碳储量占全球总量的8.2%，土壤有机碳固存潜力占全球总潜力的10%，其中欧洲和欧亚大陆的黑土固碳潜力最高，超过65%，而拉丁美洲和加勒比地区约为10%（FAO，2022）。众所周知，碳固存对环境和人类福祉具有诸多益处，是适应和减缓气候变化，应对粮食不安全、土地退化和荒漠化等问题较具成本效益的策略之一（联合国政府间气候变化专门委员会，2019）。

数百年来，黑土为人类提供了生态系统服务，尤其是对粮食安全和营养供给贡献良多，因此黑土一直被视为人类福祉的象征。中国清朝时期（1644—1912年），统治者有效地保护了中国东北地区的黑土资源，使得富含有机质的肥沃表土层免遭破坏。纵观历史，中国东北地区的居民一直将黑土与国家的健康和繁荣联系在一起（Cui等，2017）。而人为黑土或亚马孙黑土（ADEs）①也同样肥沃，富含微观木炭颗粒，这些颗粒赋予了其独特的颜色（Kern和Kämpf，1989；Schmidt等，2014；Kern等，2019）。亚马孙黑土之所以非常肥沃是因为其富含高浓度的热解炭。这些木炭形成于哥伦布发现新大陆之前，得益于亚马孙土著居民：他们在距今两千至八千年前居住在该地区，并创造了高肥力的土壤区域。这一古老遗产不仅使沿河而居的群落得以生存，还通过可持续农业实践促进了生物多样性的保护。黑土也因其自身风景和景观之美而激发了艺术创作的灵感（图1-1）。

1.2　全球视角与挑战

《世界土壤资源状况报告》（粮农组织政府间土壤技术小组，2015）指出了全球范围内土壤功能面临的十大威胁，特别强调土壤侵蚀、有机碳流失和养分失衡是严重的三大威胁。由于土地利用方式的变化（从天然草原转变为耕作用地）、不可持续的农业管理实践以及农用化学品的过度使用，大部分黑土已经损失了至少一半的碳储量，面临中度乃至重度的侵蚀，同时还伴随着营养失衡、土壤酸化、土壤压实和生物多样性丧失等问题（粮农组织政府间土壤技术小组，2015）。

---

① 亚马孙黑土（Amazonian Dark Earths，ADEs），也称为"特拉普雷塔"（Terra Preta），是一种在亚马孙流域发现的非常肥沃的土壤。这种土壤是由古代土著人民通过长期的农业活动和废弃物管理所创造的。——译者注

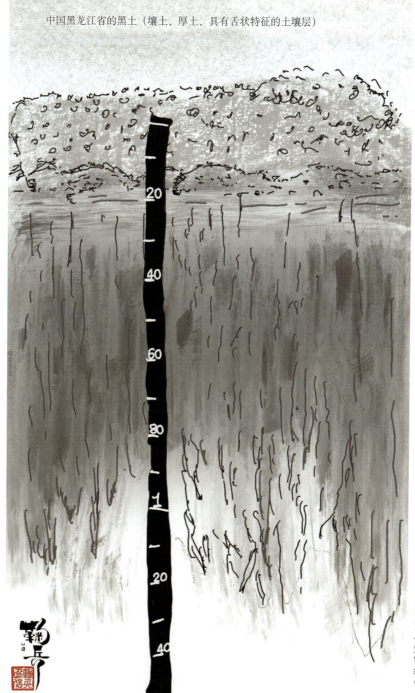

中国黑龙江省的黑土（壤土、厚土、具有舌状特征的土壤层）

© 鞠兵博士 | Ju Bing

图1-1　中国黑龙江省黑土剖面的艺术表现（手绘图）

1 | 黑土与"2020年后全球生物多样性框架"

中国北安市黑土区玉米种植系统

　　根据FAO（2022）和Hou（2022）提供的数据，中国是黑土面积第三大国。1996—2019年，超1 100万公顷的黑土被转为农耕用地。土地利用方式变化和农业集约化正导致生态系统退化，具体表现为土壤侵蚀、农药污染、重金属污染、地下水枯竭和湿地栖息地面积减小。黑土具有土壤肥沃（有机质含量高）的宝贵特性、对粮食安全的基础性作用以及土壤生物为黑土地区农业可持续发展提供健康土壤的潜力，在此背景下，2022年6月，中国第十三届全国人民代表大会常务委员会通过了《中华人民共和国黑土地保护法》。因此，在新法中纳入监测和保护土壤生物多样性的具体要求非常重要，与2021年在中国昆明举办的联合国生物多样性大会（COP15）确定的"2020年后全球生物多样性框架"保持了一致。

　　资料来源：Hou, D., 2022。中国：保护黑土以维护生物多样性。Nature, 604（7904）: 40。https://doi.org/10.1038/d41586-022-00942-6

2 | 亚马孙黑土中的土壤生物多样性

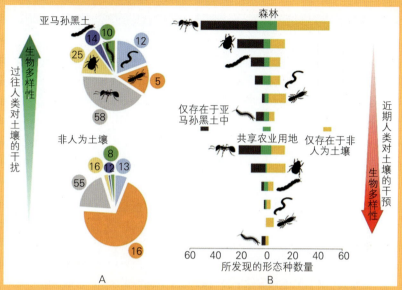

亚马孙黑土（ADEs）和非人为土壤（ADJ）中的大型无脊椎动物种群
A. 亚马孙黑土和非人为土壤森林地带最丰富的大型动物类群的相对密度和形态种数量
B. 亚马孙黑土和非人为土壤中最丰富类群的形态种数量

有关亚马孙黑土中土壤生物多样性的信息极为有限，关于大型无脊椎动物的信息更是稀缺，仅有两篇已发表的研究成果（Cunha 等，2016；Demetrio 等，2021），且均出自同一研究项目。基于这些数据，亚马孙黑土区似乎拥有与相邻土壤（非人为土壤）不同的无脊椎动物群落。观察亚马孙黑土和非人为土壤中最丰富的大型动物类群的相对密度时，可以明显看出，在亚马孙黑土中，白蚁占绝对优势，而在非人为土壤中，种群密度更加均匀。尽管亚马孙黑土中的形态种数量与非人为土壤中的形态种数量相当（除了某些特定类群），但大多数形态种仅出现在亚马孙黑土中。这表明，对于那些非人为土壤中的少数（稀有）物种而言，亚马孙黑土可能是其得以繁衍的栖息地。然而，尽管历史上人为干扰促进了亚马孙黑土的形成，并似乎对大型无脊椎动物种群有积极影响，但近期的人为干扰（如牲畜和集约化现代农业）却对亚马孙黑土中的大型动物多样性产生了负面影响。

资料来源：Cunha, L., Brown, G.G., Stanton, D.W.G., da Silva, E., Hansel, F.A., Jorge, G., McKey, D., Vidal-Torrado, P., Macedo, R., Velasquez, E., James, S., Samuel, W. 和 Lavelle, P.K.。2016。土壤动物与成土作用：蚯蚓在人为土壤中的作用。土壤科学，181（3-4）：110-125。https://doi.org/10.1097/SS.0000000000000144

3 | V.V. 阿廖欣中央–黑钙土生物圈国家保护区

草甸草原，V. V. 阿廖欣中央–黑钙土生物圈国家保护区，俄罗斯

　　V.V.阿廖欣中央–黑钙土生物圈国家保护区（中央黑土保护区）位于俄罗斯库尔斯克（Kursk）地区。俄罗斯拥有全球面积最大的黑土区（3.268亿公顷）（FAO，2022）。根据俄罗斯联邦自然资源和生态部（2022）的数据，该保护区成立于1935年，总面积为5 287公顷，但早在1932年就着手对黑土进行研究并持续至今。黑土有机碳含量高，肥沃度高，通常被用于粮食生产。黑钙土是农业生产中较肥沃的土壤类型之一。该保护区的黑钙土上层10厘米处腐殖质含量较高（9%～13%），其腐殖质层厚度可达1.5米。这些土壤的形成得益于草甸草原植被的影响，草甸草原是保护区内的主要植被类型，与森林（橡树、松树和杨树）共同构成了该区域的植被特色。森林草原黑钙土是温带气候条件下微生物多样性最丰富的土壤。该保护区生物多样性极为丰富，生物物种高达7 200种，其中1 000种是真菌，约4 000种是昆虫（包括鞘翅目、双翅目、膜翅目），其中已发现1 000种甲虫及191种蜘蛛。鉴于中央黑土保护区与史前草原相似，可以作为监测土壤健康状况（如土壤肥力、碳固存、生物多样性、温室气体排放等）的参考点，并有助于对黑土生态系统展开环境影响评估（EIA）。正如土

壤学家 V.V. 多库恰耶夫（Vasily Vasilyevich Dokuchaev）所言："众所周知，欧亚大草原带几乎环绕整个北半球，而俄罗斯的黑钙土草原，无论是从气候、地形、植被及动物的特性，还是从土地和土壤类型的角度而言，都是大草原带不可或缺的一部分……"

动物扰动黑钙土（Vermic Chernozems）

照片1.1 俄罗斯西伯利亚南部阿尔泰山脉的黑土区（饱和黏化黑土）

© Natalia Kovaleva

几个世纪以来，欧亚大陆和北美黑土带一直将黑土用于农业耕作。由于集约化耕作方式（主要是谷物、油料作物和牧草的种植）、土地利用方式的变化和化肥的过度施用，黑土的原始土壤有机碳储量已经减少了20%～50%（Iutynskaya和Patyka，2010；Krupenikov，1992；Ciolacu，2017；加拿大农业与农业食品部，2003；Durán，2010；Baethgen和Morón，2000）。这些碳主要以二氧化碳的形式被释放到大气中，加剧了全球变暖。根据Lal（2021）的研究，黑钙土在适应和减缓气候变化方面具有全球性影响，通过可持续的土壤管理措施，每公顷黑钙土每年可以固碳0.7～1.5吨，从而有效减少了全球温室气体的排放。

尽管大部分黑土区的气候条件总体较为有利，但根据预测，气候变异（会加剧气候变化）将对全球农业构成重大威胁。

除土壤有机碳损失外，黑土还遭受土壤侵蚀的威胁（这是一种普遍现象，会严重损害坡地土壤的健康状况）。此外，不合理的休耕制度、过度施肥、单一栽培、灌溉及犁地等不可持续的农业实践也威胁着黑土，上述因素都可能导致土壤大量流失。例如，据估计，乌克兰每年因土壤侵蚀损失约5亿吨土壤，相当于每年损失价值50亿美元的养分（Fileccia等，2014）。

在农业粮食生产方面，俄乌冲突对世界粮食生产造成了重大挑战。FAO第169届理事会已就这场冲突与粮食不安全之间的关系展开了讨论。俄罗斯和乌克兰（黑土国家）二者在全球小麦出口量中合计占比近30%，葵花籽出口量约占80%，同时俄罗斯还是全球较大的化肥出口国之一。这意味着供应中断也将影响全球农业粮食体系，进而影响全球消费者，并导致粮食、能源和化肥的价格上涨。俄乌冲突还会导致黑土退化，使其遭受多重污染物（如重金属、贫铀、凝固汽油等）的污染，大大降低土壤生物多样性（粮农组织和环境署，2021）。

© Andrzej Greinert

4 |黑土与粮食安全隐患

中国九三农场黑土区的水稻种植系统

　　土壤是一种重要的资源，是自然环境不可或缺的组成部分，全球95%的粮食都产自土壤（FAO，2015）。然而，由于侵蚀、土壤有机碳损失、压实、盐碱化、酸化和污染等，地球上已有33%的土壤退化（粮农组织政府间土壤技术小组，2015）。土壤有机碳流失尤为值得关注，黑土之所以成为肥沃的土壤之一，正是因为其有机质含量较高。另外，俄乌冲突对黑土构成了新的威胁，特别是对农业生产和全球粮食安全造成的威胁。俄罗斯和乌克兰拥有世界上最肥沃的土壤资源，两国黑土面积分别达32.68亿公顷和3 400万公顷（FAO，2022）。在乌克兰，68%的可耕地为黑钙土，其次是黑土和漂白淋溶土（Fileccia等，2014）。亚美尼亚、格鲁吉亚、哈萨克斯坦、土耳其等国家以及近东和北非等地都依赖从俄罗斯和乌克兰进口小麦和其他商品（世界银行，2022）。俄乌冲突影响全球经济，导致商品价格上涨（世界银行，2022）。受战争影响，氮肥的出口量也大幅减少。俄罗斯是世界上较大的化肥出口国之一，化肥出口量占全球出口总量的13%，同时也是天然气的主要供应国之一（世界银行，2022）。粮食供应短缺和价格上涨威胁着全球粮食安全，同时也破坏了农业和民用基础设施。

5 | 全球粮食市场的脆弱性

全球粮食市场极易受到新型冠状病毒（COVID-19）、全球气候变化和军事冲突的影响。Glauber等（2022）利用国际粮食政策研究所（IFPRI）研发的"粮食和化肥出口限制追踪器"评估了俄罗斯和乌克兰冲突对粮食出口限制的影响，该工具跟踪并记录出口受限的商品在热量（千卡[①]）和美元方面的占比。全球交易的总热量中有17%受到限制措施的影响。乌克兰、俄罗斯、印度尼西亚、阿根廷、土耳其、吉尔吉斯斯坦和哈萨克斯坦等国主要对谷物（小麦、玉米）、棕榈油、葵花籽和大豆实施了出口限制。上述产品的进口国，如中亚国家（蒙古国）、北非国家（埃及和苏丹）、印度、巴基斯坦和孟加拉国，都受到了限制措施的影响。此外，商品出口限制还导致粮食价格上涨，引发其他出口国扩大本国限制出口商品清单，也对全球粮食安全构成威胁。乌克兰是主要的小麦出口国，对全球粮食安全作出了重要贡献。然而，Smith（2022）表示，鉴于当前的俄乌冲突局势，乌克兰最具生产力的部分农田将面临威胁。乌克兰的黑土面积位列全球前十，68%的可耕地为黑土（Fileccia等，2014）。

资料来源：Glauber, J., Laborde, D.和Mamun, A.。2022。从坏到更糟：俄罗斯-乌克兰冲突相关的出口限制如何加剧全球粮食不安全。IFPRI博客系列：高粮价/高化肥价格与乌克兰冲突。

1.3　黑土的重要性备受关注

2017年全球土壤有机碳研讨会（GSOC17）的主要提议之一是优先保护有机碳储量最为丰富的土壤，并积极推进国家和地区层面土壤保护政策的制定，以遏制土壤有机碳的流失。

在此背景下，**国际黑土联盟**（INBS）于2017年3月在全球土壤有机碳研讨会期间成立，其主要目的在于推动全球黑土的保护和可持续管理。自成立以来，该联盟已组织了一系列工作会议和研讨会，旨在明确黑土的定义，并为成员国搭建了一个交流共性问题及探讨研究空白的平台，以解决黑土保护、可持续管理、评估和监测等方面的问题。2018年9月，在中国哈尔滨举行的**国际黑**

---

① 1千卡＝4 185.85焦耳。

土研讨会（ISBS18）上，来自全球多个黑土国家的代表及国际黑土联盟成员国共同签署了《哈尔滨公报》（Harbin communiqué），就推进全球黑土管理科学技术等问题达成了协议。目前，国际黑土联盟成员国涵盖了全球所有黑土分布区的31个国家。

最近发布的**全球黑土分布图**（GBSmap）以国家为主导、基于普遍认可的黑土定义并由粮农组织全球土壤伙伴关系部门牵头，共有31个黑土国家参与。该分布图极具应用价值，不仅展示了全球黑土的分布情况，还提供了有关黑土的关键信息，同时强调了黑土对于粮食安全、可持续发展以及减缓和适应气候变化的重要性（FAO，2022）。作为一款动态更新的产品，全球黑土分布图为决策者提供了翔实可靠的数据支持，助力作出更加科学精准的决策。

国际黑土联盟已决定启动《全球黑土现状》的编撰工作，并采取一种开放协作的模式，汇集了来自全球31个国家的超188位土壤科学家，旨在了解黑土的状况及面临的挑战，并制定相应的管理、保护和监测计划。该书主要得益于国际黑土联盟成员国的贡献，其所提供的翔实信息将极大地增进我们对黑土的理解和认识。

该书旨在达成以下三个目标：首先，提高对黑土这一有限自然资源重要性的认识；其次，了解黑土在当前多重复杂因素（环境退化、气候变化、粮食不安全、全球社会政治问题和流行病等）影响下的分布和状况；最后，提供关键信息，助力决策者采取必要的手段来遏制黑土退化，促进这一"黑色宝藏"的可持续利用、管理和保护。

2 黑土的全球分布及特征

2.1 黑土的定义

尽管"黑土"（Black Soil）一词在多个国家的土壤分类体系中均有使用，但因其受到不同国家语言特性的影响，在全球范围内，关于黑土的定义尚未达成统一。在《世界土壤资源参比基础》（WRB）（国际土壤科学联合会《世界土壤资源参比基础》工作组，2015）分类中，大多数被称为黑土的土壤类型主要对应黑钙土（Chernozems）、栗钙土（Kastanozems）和黑土（Phaeozems）。然而，其他一些土类可能也符合黑土的定义，如变性土（Vertisols）、冲积土（Fluvisols）、雏形土（Cambisolos）和人为土（Anthrosols）。在美国和阿根廷，黑土与美国土壤分类系统中的暗沃土纲（Mollisols Great Order）相对应（美国农业部，2014）。此外，全球各地还存在诸多的区域变体，如在中国，最初被称为黑土的土壤类型，现已在中国土壤分类体系中被归类为均腐土（Isohumisols）。在乌克兰，这些土壤类型被纳入了黑钙土大类，其土壤形成过程主要以腐殖质积累为特征，与俄罗斯的黑土或黑土地（Black Earth）颇为相似。

为了促进黑土的可持续管理和国际技术交流，需要重新商榷黑土的定义，以达成统一。2019年，FAO及其咨询机构政府间土壤技术小组颁布了黑土的定义："黑土是表层呈黑色、富含有机碳且表层深度至少为25厘米的矿质土壤"（FAO，2019）。

黑土可分为两大类（第一类和第二类）。这种分类旨在识别具有较高价值的土壤，进而对其采取更多保护措施（第一类），同时仍包含那些同样符合黑土总体定义而类型更为广泛的土壤（第二类）。

6 | 全球土壤医生计划

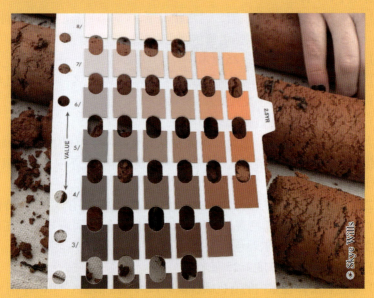

粮食出口限制措施造成的影响

注：改编自David Laborde《粮食与化肥出口限制追踪器》（2022年）中的图表。

　　土壤颜色是评估土壤质量的一个关键指标，因其可以间接衡量有机质含量等其他土壤属性。通常，黑土有机质含量较高，也正因如此其颜色才呈暗色。黑土表层25厘米土层富含有机碳，有机碳含量为0.6%～20%（FAO，2019）。确定土壤颜色的最常用方法是使用孟塞尔色卡。孟塞尔色卡根据3种属性对土壤进行分类：色调（Hue）（土壤的主要颜色）、明度（Value）（颜色的明暗程度）和彩度（Chroma）（颜色的强度或饱和度）（Zhang等，2021b）。例如，通常状况下，黑色或暗黑色表层的（润态）彩度≤3、（润态）明度≤3、（干态）明度≤5（根据孟塞尔颜色系统）（FAO，2019）。另一种评估土壤颜色的方法见FAO"全球土壤医生计划"发布的《土壤分析方法》文件（FAO，2020）。该文件包含了一系列易于操作、成本低的土壤测试方法，可直接在田间评估土壤状况。主要方法包括：①采样。一份样本来自田间，另一份来自最近的保护区或类似保护区等未受干扰的区域。②比较：通过比较土壤样本的颜色差异来识别土壤颜色的相对变化。

第一类黑土（最为脆弱、濒危，需在全球范围内给予最高限度保护的黑土）具有以下5个特性：

（1）具有黑色或暗黑色表层，通常状况下，（润态）彩度≤3，（润态）明度≤3，（干态）明度≤5（根据孟塞尔颜色系统）。

（2）黑色表层的总厚度≥25厘米。

（3）黑色表层25厘米内的有机碳含量≥1.2%（热带地区≥0.6%）且≤20%。

（4）黑色表层的阳离子交换量≥25厘摩尔/千克。

（5）黑色表层的盐基饱和度≥50%。

绝大部分（并非全部）的第一类黑土具有良好的颗粒或细粒亚角状结构，在未退化或轻微退化的表层土以及在富含腐殖质的未退化下层土中，具有较高的团聚体稳定性。

第二类黑土（在国家层面上往往被视为濒危资源）具有以下3个特性：

（1）具有黑色或暗黑色表层，（润态）彩度≤3，（润态）明度≤3，（干态）明度≤5（根据孟塞尔颜色系统）。

（2）黑色表层的总厚度≥25厘米。

（3）黑色表层25厘米内的有机碳含量≥1.2%（热带地区≥0.6%）且≤20%。

2.2 全球黑土分布图的绘制

数字土壤制图（DSM）是一种运用数学和统计模型，通过计算机辅助生成土壤类型及土壤属性数字地图的方法。该方法结合了土壤观测信息和环境解释变量信息。数字土壤制图已被广泛应用于预测土壤类型的分布情况（Chaney等，2016；Holmes等，2015；Nauman和Thompson，2014；Bui和Moran，2001）。相较于其他方法，数字土壤制图的优势在于可以记录制图过程，便于在需要时进行修改与更新，并且还能评估预测结果的不确定性。

在绘制全球黑土分布图的过程中，各成员国负责制作本国的黑土分布图，并采用自下而上、国家主导的方法来确定黑土的全球覆盖范围。此方法借鉴了FAO（2017）绘制全球土壤有机碳分布图（GSOCmap）的成功经验，通过类似方法来界定黑土的全球分布范围。

本部分内容旨在描述从国家层面运用数字土壤制图技术绘制黑土分布图的具体方法，并汇总展示各成员国的相关绘制成果。由于缺乏覆盖全国范围的最新土壤调查验证样本，部分国家无法采用此方法，只是提交了黑土范围图的最初版本。

2.2.1　数据收集过程

全球分布图采用了用于制图的第二类黑土。为了绘制其分布，还应用了数字土壤制图总体框架（图2-1）。

在数字土壤图制作过程中，将实验室测量数据、现场观测数据与环境数据相结合，通过经验预测模型，对目标土壤属性和土壤类别进行空间插值。理

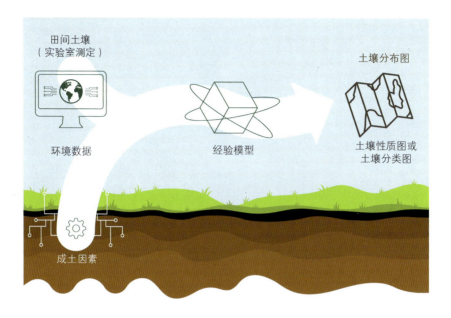

图2-1　数字土壤制图总体框架
资料来源：作者提供。

想情况下，土壤数据可在采样点获得。在无法获得数据的情况下，可以使用传统多边形土壤图作为信息来源。此外，还利用了附加环境数据，这些数据旨在代表成土因素或作为成土因素的代理变量，以表示目标土壤属性的空间变化。这些附加数据通常包括：数字高程模型、坡度、地形曲率等地形属性；来自陆地卫星（Landsat）、哨兵卫星（Sentinel）、中分辨率成像光谱仪（MODIS）等承担不同太空飞行任务设备的遥感数据；（本地或全球可用的）气候数据；遗留土壤图、地质图和土地利用图等其他地图。就经验模型而言有多种选择，主要取决于目标变量（定性或定量）的性质及期望生成的图表类型。目前，数字土壤制图过程中常用的方法之一是"随机森林"（Breiman，2001），以及许多其他机器学习算法（Hothorn，2022）。生成的土壤图通常是可能性最大的土壤属性值或土壤分类的栅格图，并附带一个不确定性地图，指示主要生成结果的置信度水平。

2.2.2　各国黑土分布图

图2-2显示了在国家层面上，利用数字土壤制图方法绘制黑土分布情况的具体工作流程。在此，我们假设研究区域内已存在具有地理坐标的土壤剖面数据。

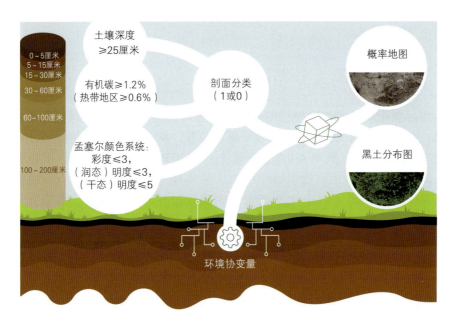

图2-2 黑土分布图绘制流程

资料来源：作者提供。

　　首先，根据25厘米深度的土层（层次）将土壤剖面分类为黑土（1）或非黑土（0）。根据孟塞尔颜色系统，黑土土层的彩度≤3，（润态）明度≤3，（干态）明度≤5，有机碳含量也必须≥1.2%（热带地区≥0.6%）。如果一个剖面符合上述阈值，则将其归类为黑土（1），否则为非黑土（0）。其次，准备覆盖整个研究区域（或国家）的环境协变量。环境协变量包括气候数据、植被数据和地形属性，还可以包括其他协变量，如国家地质图和土壤图等。许多协变量来自开源土地地图（OpenLandMap）项目［开源土地地图/全球图层（OpenLandMap/Global-Layers），2022］。再次，应用"随机森林"模型。"随机森林"是一种广泛用于数字土壤制图的回归和分类决策树方法。在校准之前，必须优化随机森林参数。使用20次10折交叉验证和混淆矩阵测量准确率，对总体准确率和类别准确率进行报告。最后，利用模型以1 000米分辨率进行预测，生成黑土分布的概率图和分类图（开源土地地图/全球图层，2022）。一些国家由于缺乏数据，未能按照建议的方法进行绘制，而是提供了多边形土壤分布图。这些分布图基于大规模土壤调查或专家知识绘制而成，标明了黑土分布区域。例如，保加利亚、斯洛伐克和印度尼西亚就属于此类情况。俄罗斯提供的多边形分布图，还根据专家知识判断，在每个制图单元上标明了黑土存在的概率。泰国和叙利亚也提供了多边形分布图，但由于比例太小而未被纳入全球黑土分布图。

2.3 全球黑土分布图

国际黑土联盟成员国提供的各国黑土分布图被用来推算全球范围内的概率值。总共在空间上分配了30 000个随机位置，基于3个主要阈值：① 10 000个样本随机分布在概率＜0.2的像素上；② 10 000个样本均匀分布在概率为0.2～0.7的像素上；③ 其余10 000个样本随机分布在概率＞0.7的像素上。接下来，收集了41个全球范围内明确且公开的环境变量。其中大部分变量来自开源土地地图项目（开源土地地图/全球图层，2022），包括美国农业部土壤分类（暗沃土、变性土、火山灰土）的概率、10厘米深度的黏土百分比、10厘米深度的pH、雪盖面积、月最高温度、年均降水量、农田面积、地形属性（坡度和湿润度指数等）以及土地覆盖情况。其他变量来源包括谷歌地球引擎（Google Earth Engine），从中提取了季节性地表温度的平均值和标准差；同样的方法也被应用于归一化植被指数（NDVI）的获得；并使用多重误差消除改进地形数字高程模型（MERIT DEM）估算1 000米分辨率的海拔。使用递归特征消除法训练了一个"随机森林"模型，并将其用于预测。最重要的预测因子包括全球土壤有机碳分布、地形湿润度指数、地表温度、归一化植被指数、10厘米深度的黏土百分比、降水量和最高温度。黑土主要分布在东欧、中亚、东亚以及北美洲和南美洲。表2-1中列出了黑土面积排名前十的国家，这些国家的黑土面积占全球黑土总面积的93.4%。全球黑土的总面积为7.25亿公顷，其中俄罗斯、哈萨克斯坦和中国占了一半以上。俄罗斯的黑土面积最大，达到3.268亿公顷，占全球黑土总面积的45%。

表2-1 全球黑土面积排名前十的国家

国家	黑土面积 （百万公顷）	国土面积 （百万公顷）	黑土占比 （%）
俄罗斯	326.8	1 700.2	19.22
哈萨克斯坦	107.7	283.9	37.93
中国	50.0	934.6	5.35
阿根廷	39.7	278.1	14.28
蒙古国	38.6	156.5	24.67
乌克兰	34.2	60.0	57.01
美国	31.2	950.1	3.28
哥伦比亚	24.5	113.8	21.54
加拿大	13.0	997.5	1.30
墨西哥	11.9	196.4	6.04

资料来源：作者提供。

2.3.1 黑土的开发利用

我们借助世界人口网格化（GPW）分布图（国际地球科学信息网络中心，2018）来评估黑土区的人口分布情况（表2-2）。俄罗斯黑土区的人口居住数量最为庞大（6 800万）；哈萨克斯坦的黑土面积居世界第二位，约为1.08亿公顷，但黑土区的居民相对较少（800万）；中国和哥伦比亚是黑土区人口居住数量第二多的国家，约为3 000万人，这一数字只占中国总人口的一小部分，但对哥伦比亚而言，3 200万接近其人口总数的50%。

表2-2 黑土区的土地和人口情况

项目	黑土区	世界	占比（%）
黑土面积（亿公顷）	7.25	129.95	5.58
农田（亿公顷）	2.27	13.08	17.36
森林（亿公顷）	2.12	44.96	4.72
草地（亿公顷）	2.67	31.29	8.52
人口（亿人）	2.23	77.88	2.86

资料来源：作者提供。

根据土地覆盖分布表，可知全球范围内黑土覆盖了2.27亿公顷的农田、2.67亿公顷的草地和2.12亿公顷的森林。黑土面积在全球土地面积中的占比约为5.58%，黑土区承载着全球2.86%的人口，占据全球农田面积的17.36%，并拥有8.05%的全球土壤有机碳储量以及30.06%的全球农田土壤有机碳储量。然而，上述比例在FAO的各个地区之间存在差异。例如，在亚洲，大约50%的黑土分布在草原上，而在北美洲，则有54%的黑土被用作农田。在全球范围内，约1/3的黑土区被用作农田，占全球农田面积的17.4%（Zanaga等，2021）。就黑土农田面积而言，欧洲和欧亚大陆占据总面积的70%，而北美洲、拉丁美洲和加勒比地区、亚洲则各占10%。黑土占据了1.6亿公顷耕地面积，对于欧洲和欧亚大陆的农业具有重要意义。尽管黑土在全球土壤中的占比相对较小，但却对全球人口的粮食供应起到了至关重要的作用。黑土不仅养活了当地人，还通过粮食出口，支持了世界其他地区的生存与发展。黑土上种植着大量的油料作物、谷物和块茎作物，这对于粮食安全和全球经济至关重要。2010年，全球66%的葵花籽、30%的小麦和26%的马铃薯都来源于黑土（图2-3）。

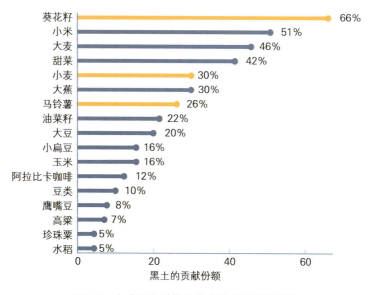

图2-3　全球黑土对作物生产的直接贡献份额

资料来源：作者提供。

注：上述份额是通过将《全球黑土分布图》与2010年全球空间分解作物生产统计数据（版本2.0）进行交叉分析得出的。国际食品政策研究所，2019。在分析中排除了作物份额低于5%的结果和汇总的作物类型数据。

根据欧洲航天局（ESA）提供的全球土地覆盖图（World Cover）（Zanaga等，2021），全球有2.12亿公顷的森林生长在黑土上，占世界森林面积的4.72%。俄罗斯是黑土森林面积最大的国家，为1.429亿公顷，占其森林总面积的15%。哥伦比亚为1 850万公顷、中国为1 270万公顷、美国为710万公顷。

根据更新的1.9版汉森全球森林变化数据（Hansen Global Forest Change v1.9），2000—2021年，黑土区的森林损失面积达2 790万公顷（FAO，2022a）。森林损失主要集中在俄罗斯（2 000万公顷），但美国、巴西和阿根廷等其他国家的森林损失也较为显著，这3个国家的森林损失面积基本相当，总损失面积为460万公顷。

2.3.2　黑土的土壤有机碳含量

据估计，全球0～30厘米深度的土壤有机碳总储量为677拍克（Pg）（1拍克=10亿吨）（表2-3）（FAO，2017）。其中，约9%的土壤有机碳储量分布在黑土中。值得注意的是，欧洲约有23.9%的土壤有机碳储量分布在黑土中，拉丁美洲和加勒比地区为9.7%，北美洲为3.9%，亚洲为8.7%。

表2-3　黑土土壤有机碳总储量、黑土农田土壤有机碳储量及黑土固碳潜力

项目	黑土	世界	占比（%）
有机碳储量（拍克，以C计）[*]	56.0	677	8.27[①]
农田土壤有机碳储量（拍克，以C计）[**]	18.89	62.8	30.06
固碳潜力（拍克，以C计，每年）[***]	0.029	0.290	10.00[②]

资料来源：作者提供。

[*]数据来源于全球土壤有机碳分布图（FAO，2017）。

[**]基于全球土地覆盖图得出（Zanaga等，2021）。

[***]基于全球土壤有机碳封存能力分布图（碳输入增加10%的情形下）生成的结果（FAO，2022c）。

译者注：①原英文版数据为8.21，现根据表格中数据计算，调整为8.27。②原英文版数据为10.11，现根据表格中数据计算，调整为10.00。

不同国家的土壤有机碳固碳潜力存在显著差异。在欧洲，土壤有机碳固碳潜力主要源自黑土。其中，俄罗斯、乌克兰和哈萨克斯坦的黑土每年约固碳1 400万吨。在阿根廷、哥伦比亚和乌拉圭，黑土在土壤有机碳固碳潜力中同样占据较大比例。在亚洲，蒙古国的黑土固碳潜力在土壤有机碳固碳总潜力中占80%，而在中国这一比例仅为10%（FAO，2022a）。

7 | 土壤有机碳标准测定操作流程

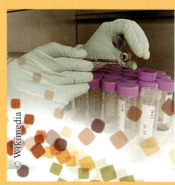

全球土壤实验室网络（GLOSOLAN）于2017年建立，旨在加强实验室的土壤分析能力，促进土壤分析数据的标准化，从而确保土壤相关信息能够在实验室、国家和地区之间进行对比和解读（FAO，2022）。全球土壤实验室网络涵盖了全球700家实验室，这些实验室分属于各区域土壤实验室网络（RESOLANs），具体包括亚洲区域土壤实验室网络（SEALNET）、拉丁美洲区域土壤实验室网络（LATSOLAN）、非洲区域土壤实验室网络（AFRILAB）、太平洋区域土壤实验室网络（ASPAC）、欧洲和欧亚区域土壤实验室网络（EUROSOLAN）以及近东和北非区域土壤实验室网络（NENALAB）。作为其主要活动的一部分，GLOSOLAN制定了全球统一的已知土壤分析方法标准操作程序（SOPs）。例如，测定总碳的标准操作程序是"杜马斯燃烧法"，而量化土壤有机碳的标准操作程序则是"沃克利-布莱克法"（滴定法和比色法）以及"丘林法"（分光光度法）。土壤碳影响几乎所有的土壤特性，因此其可能是土壤中最重要的成分。在黑土中，土壤有机碳（SOC）估算是定义黑土、更好了解黑土健康状况的主要指标。因此，拥有一套能够确保测量的可重复性、数据的准确性与可追溯性的标准操作程序至关重要。

2.4 黑土的性质

黑土在全球各大洲均有分布。根据严格定义，黑土主要在牧草类草原植被下发育形成。然而，按照扩展定义，黑土也可见于其他类型的植被环境，如林地和湿地。黑土甚至存在于含有膨胀性黏土矿物的母质中，形成变性土。

黑土因其颜色而得名，在黑化作用下和有机质积累过程中形成。这一过程通常得益于化学介质中富含碱，且生物活性高。尽管黑土具有较高的原始肥力，但由于农耕和畜牧带来的高强度压力，大片黑土已经失去了其原始肥力。

黑土普遍面临土壤退化的问题。最常见的退化过程包括水蚀、风蚀、酸化、植物养分缺乏以及土壤物理性质和水力性质的恶化。大部分退化情况唯有通过实施良好的管理实践才能有效逆转。然而，侵蚀作用导致的土壤流失不可逆转，这导致南美洲国家和中国等地的数百万公顷黑土地受到影响。

针对黑土的恢复或修复措施的实施效果很大程度上依赖对土壤的良好治理和资源的可及性。这就限制了黑土恢复措施的适用范围，导致恢复措施无法惠及所有受影响的国家，而主要集中在发达国家。但问题是粮食不安全状况多发于贫困的国家，而非拥有足够资源恢复土壤肥力的发达国家。这也是土壤监测和管理面临的主要挑战，不仅对于黑土来说如此，对于世界上所有的高产土壤来说都是如此。

2.4.1 中纬度草原黑土

深厚的黑土层广泛分布于中纬度草原，其中包括黑钙土、黑土和栗钙土[本部分若无特别说明，土壤分类均参照《世界土壤资源参比基础》（WRB）]。深厚的黑土层在温带或亚热带气候条件下发育形成，在此类气候条件下，降水量全年分布相对均匀。许多禾本科植物根系枯死后产生的有机质逐渐积累，导致土壤呈现黑色，这一过程被称为黑化作用（Bockheim 和 Hartemink，2017；Rubio、Lavado 和 Pereyra，2019）。

黑土的分布范围还可能延伸至气候更加湿润凉爽的景观中，这里的草原与森林交错分布。欧亚大草原、北美大草原和南美大草原上的土壤是最常见的黑土类型。

黑土横跨欧亚大陆，西起奥地利，东至中国东北地区，主要分布在北纬45°—55°的温带草原植被下。在北美洲，由于特定的温度和年均降水梯度，草地植被（北美大草原）下的黑土形成了一条宽阔的带状分布区，从墨西哥东北部一直延伸至加拿大西南部的平原地区。在南美洲，黑土广泛分布于阿根廷和乌拉圭的潘帕斯草原，尽管此处的生物群落在外观和功能上与温带的欧亚大草

©Wilk Sampaio de Almeida

原和北美大草原相似，但其黑土的形成条件相较于北半球而言更加温暖潮湿。目前普遍认为，这些生物群落中独特的生物循环过程使得草原下的黑土积累了大量的腐殖化有机质，其中相当一部分生物质来自易腐烂的细根，并且土壤生物活性较高。

中纬度草原黑土是全球耕种最广泛的土壤类型。在欧洲、亚洲和北美洲，此类土壤大多被用于种植小麦、玉米和大豆等作物。而在南美洲，黑土区则被用作牧场和农田。在各大洲，几乎整个黑土区都被纳入了农业用途，只有在少数自然保护区，原始黑土表层仍覆盖着天然草原。

　　中纬度草原黑土不仅高产，还能提供多种生态系统服务，如保持水分、维护各种土壤的生物多样性和栖息在高草草原生态系统中动物的生物多样性。尽管耕作导致腐殖质氧化加速，草原黑土正面临有机碳流失的威胁，但其仍是最重要的土壤碳库。人们通常还认为黑土"天生"肥力就高，无须施用有机肥料和矿质肥料，因此很多地区腐殖质和养分的流失是黑土面临的最大威胁。另一个常见威胁是使用重型机械导致的土壤压实及过度压实引发的水蚀。风蚀问题也十分严重（例如20世纪30年代严重影响美国中西部的沙尘暴，以及20世纪50年代苏联垦荒时西西伯利亚和哈萨克斯坦北部所面临的问题）。当前，土壤盐碱化问题日趋严重，特别是异常干旱需要灌溉的黑土区。

© Chris Denny

8 | 乌克兰的黑土

乌克兰森林草原区的黑土

　　乌克兰境内黑土包括一类草原土壤，这类土壤的一个重要共性是有机质含量高，使得其表土呈暗色（从深灰色到黑色）。草原上的黑土以普通黑钙土（Haplic Chernozems）为主，广泛分布于地势相对较低的高原和地势较高的黄土台地。过去，这些区域的典型植被为草甸草原和草原化草甸。北部草原的土壤主要是普通黑钙土，这些土壤是在生长着草本植物（Herbaceous）、羊茅属（Fescue）及针茅属（Feathergrass）的草原下形成的。土壤多样性与该区域自北向南逐渐增加的干旱程度有关，这导致腐殖质层厚度减小，表土碳含量下降，以及碳酸盐、石膏和水溶性盐的积累深度降低。南部草原以石灰性黑钙土（Calcic Chernozems）为主，这种土壤形成于干旱气候条件下以羊茅属和针茅属植物为主的草原上。干旱草原的土壤覆盖主要由栗钙土构成。在喀尔巴阡山脉（Carpathians）和克里米亚（Crimean）山脉，黑土零星分布在垂直带的第一层。草原区黑土退化主要是由不合理的经济活动所致，特别是在全球变暖和农用化学品污染加剧的背景下。因此，大部分黑土区，特别是草原黑土区，应该种植环保型农产品（Boroday，2019），这一举措将直接对社会产生积极影响。

2.4.2 洪泛平原黑土和湿地黑土

另一种分布广泛的黑土类型存在于洪泛平原和湿地。在洪泛平原区，由于土壤水分过多，阻碍了有机残留物的矿化，加之水分持续将细小的有机颗粒输送至土壤中，导致土壤呈深色。在湿地中，表土层的黑色是由缺氧条件下植物残留物未完全分解所致。这种黑色物质与分散的泥炭或淤泥有很多相似之处。这类黑土通常含水量过高，管理起来较为困难，因此在农业中需要通过排水来加以处理。然而，需要注意的是，排水会威胁到部分关键的生态系统服务，如碳储量、生物多样性以及水过滤和水质（Wang等，2015）。上述土壤主要被归类为松软潜育土（Mollic Gleysols），而如果这类土壤形成于洪泛平原和潮汐沼泽，则可能用"冲积（Fluvic）"作为其限定词。如果有机质含量相对较高，这些土壤也可能被归为泥炭潜育土（Histic Gleysols），但需要注意其表层土壤主要由黏性泥浆组成，而不是可辨认的植物残体。

湿地黑土的确切覆盖面积很难估算，因为这些土壤通常覆盖区域狭小，很少出现在小比例尺地图上。此类土壤的一个显著特点就是分布的广泛性，尽管湿地黑土大多分布于湿润和亚湿润地区，但几乎在所有气候带都能发现其踪迹。与这些面积小到难以绘制的湿地土壤不同，阿根廷的湿地黑土覆盖了高达1 200万公顷的大型连续洪泛平原，但同时还受盐过量和钠过量的影响（Rubio、Lavado和Pereyra，2019）。

9│中国湿地上的黑土

中国三江平原水稻集约化种植，2011

　　及时、定期评估土地覆盖变化对区域生态系统服务的影响，对于了解黑土生态系统服务及其可持续性至关重要。例如，1992—2012年，研究人员通过对中国三江平原湿地黑土的覆盖变化进行分析，量化评估了该区多种生态系统服务的变化情况。该地区因其大面积自然湿地和集约化农业种植而占据重要地位。评估结果证实了黑土区生态系统服务与环境负面影响之间的权衡关系。这种关系通常表现为产水量增加和粮食产量的显著提高，与之相对的是生态系统碳储量的显著损失和水鸟适宜栖息地的减少，这主要是由于土地覆盖从湿地转为农田。这一结果表明，黑土区具有重要的经济意义，针对其进行土地利用规划和政策制定时，必须考虑生态系统服务的损失，以最大限度地保护自然生态系统，维护社会的整体利益。

洪泛平原和湿地的黑土为草地的高产创造了条件。例如，在北方针叶林区，这类土壤是生产性畜饲料最重要的土地资源。除饲料生产外，黑土湿地还是维护生物多样性的重要栖息地。湿地面积的减少会导致全球鸟类、哺乳动物、昆虫和鱼类的生物多样性丧失。洪泛平原上的黑土通常具有良好的保水性能，因此在水分调节和防洪方面发挥着重要作用。

湿地黑土的碳储量变化范围很大，部分湿地黑土的腐殖质厚度超过1米，总碳储量甚至可能高于深层黑钙土（O'Donnell 等，2016）。受还原条件的影响，这些水文土壤在一年中的某些时期至少还可以充当碳汇（吸收大气中的二氧化碳）。然而，部分土壤可能会产生甲烷并释放到大气中，对大气温室气体浓度产生负面影响。此外，对湿地黑土进行排水作业可能还会引发土壤有机碳的剧烈流失，并导致气候活性气体被释放到大气中。

2.4.3　膨胀黑土

膨胀黑土（Swelling Black Soils）也是一种分布广泛的黑土类型，在干湿交替的条件下，从热带到温带地区均有分布。这类黑土旱季收缩、雨季膨胀，这是其独特的矿物组成所致，其中蒙脱石黏土为主要成分。这类黏性土尽管有机碳含量不高，但大多呈黑色。其外观呈黑色是由于土壤中含有灰黑色的腐殖质-黏土复合物。膨胀黑土被归类为变性土。这类土壤在世界范围内广为人知，几乎每个传统的土壤分类系统都有一个专门的名称来反映其特有的物理性质。全球范围内，这种压实黑土的本地分类名称近百个（Krasilnikov 等，2009）。

10 | 阿根廷的变性土

用于低投入畜牧业生产的美索不达米亚南部地区（阿根廷恩特雷里奥斯省）原生植被以及相应的土壤剖面

在阿根廷，膨胀黑土（变性土）广泛分布于多个地区，但在美索不达米亚地区的南部和潘帕斯地区的东部尤为重要。此类土壤在阿根廷查科（Chaco）地区和巴塔哥尼亚（Patagonia）地区也有分布，但分布范围有限（Moretti 等，2019）。该地区的变性土以及相关的变性淋溶土和黑土的母质由粉质黏土或黏土壤土质地的沉积物组成，其黏土成分以蒙脱石为主，粗粒部分则以石英为主，并含有一定量的碳酸钙、少量的石膏以及锰和铁氧化物的分离物。这类土壤尽管有一小部分被用于种植水稻，但大部分主要被用于作物-牲畜综合生产。近年来，这类土壤越来越多地被用于大豆生产。由于其渗透性差、地形起伏，加之夏季暴雨冲刷，这些土壤易受侵蚀。为了缓解侵蚀问题，该地区已广泛采用免耕和等高线耕作方式（Cumba、Imbellone 和 Ligier，2005；Bedendo，2019）。

膨胀黑土广泛分布于热带和亚热带气候、干湿季节对比明显的低地和山谷中。其中，澳大利亚和印度的分布区域可能最为广阔，北美洲墨西哥湾周围的平原、南美洲的乌拉圭、阿根廷东北部和巴西南部也有分布，但面积相对较小。中欧、东欧和西欧等温带地区也可见膨胀黑土少量分布。这类土壤大多形成于湖泊和海洋沉积物中，但热带地区也有变性土，其来源于富含蒙脱石的玄武岩风化产物。此外，在某些地方，变性土还可能与火山灰土共存于同一地形序列中，形成火山玻璃。

尽管变性土在干旱季节的硬化开裂可能导致土壤管理问题，但与强风化的铁铝土（Ferralsols）和强淋溶土（Acrisols）相比，这些土壤在热带和亚热带地区被认为更具生产力。在19世纪的印度，变性土的学名是"黑棉土"，表明其在纤维生产中的重要性。

膨胀黑土通常分布于低地，因而很少遭受水蚀，同时其紧实的结构也有效防止了风蚀。然而，这种土壤本身具有易收缩和易开裂的特性。特定的土壤物理性质（如膨胀和开裂）不仅给农业管理带来了麻烦，还对道路和土木工程造成了困扰（Chen，2012；Mokhtari 和 Dehghani，2012）。

2.4.4　火山黑土

人们对于火山黑土（Volcanic Black Soils）了解甚少，其黑色外观与当前气候条件并非直接相关。火山灰上形成的黑土，常见于草地和森林植被覆盖的区域。以往认为其黑色反映了土壤形成于草地之下，但最近的研究已经推翻了该假说（Sedov 等，2003）。这一显著的黑色特性已经体现在这类土壤的名称中——火山灰土（Andosols）（在日语中，"an-"意为黑暗，"do-"则意为土壤）。火山黑土富含腐殖质，主要为腐植酸，其中部分腐植酸与无序的铝硅酸盐、水铝英石及伊毛缟石相结合。除了在近期火山灰沉积物中或干旱气候下形成的土壤，许多火山土壤都呈黑色。

火山黑土的分布情况取决于近期的火山活动，与当前气候关系并不密切。只有在风化速度极低的寒冷地区，火山玻璃才不会生成非晶态化合物（火山黑土形成的必备之物）。这类土壤大多形成于山区和山脚坡地，日本、新西兰、冰岛和印度尼西亚是这些土壤分布最广泛的国家。在北美洲，这类土壤见于落基山脉和跨墨西哥火山带，在南美洲则沿安第斯山脉分布。该类土壤的生产力相对较高，但特定的磷（P）滞留能力是限制其生产力的常见因素。除农业用途外，这些土壤还因其较强的水分保持能力而有助于土壤水分保持。尽管滑坡等坡面过程时常发生，但该土壤的保水属性使其免遭水土流失。火山土壤中的碳储量也相当可观，特别是在形成于活跃火山带的、具有多层埋藏剖面的土壤复合体中。

11 | 日本的黑土

在日本，黑土被称为"kurobokudo"，意为"黑色的松软土壤"（在日语中"kuro"意为"黑色"，"boku"意为"松软"）。这种黑土主要来源于火山喷出物或火山灰，具有轻、软、蓬松、腐殖质含量高、固磷能力强等独特性质。根据《世界土壤资源参比基础》，这种土壤被归类为火山灰土（Andosols），其名称来源于日语"ando"，意为"黑色或暗色土壤"（Shoji 等，1993）。在日本的土壤类型中，火山灰土分布面积最广。据估计，日本火山灰土的总分布面积约为10万千米^2，约占全球火山灰总面积的10%，主要分布在北海道南部和东北町的东北部、关东-甲信越地区及九州地区（Saigusa、Matsuyama和Abe，1992；Fujita等，2007；Okuda等，2007）。

日本的火山灰土

2.4.5　热带地区的黑土

尽管在为数不多的地方能够发现一些松软或暗色土壤层，但黑土在热带地区并不常见。这些土壤主要与基性岩和恒温气候相关，包含多种土类，如铁铝土（Ferralsols）、黏绨土（Nitisols）、强淋溶土（Acrisols）、始成土（Cambisols）、变性土（Vertisols）和低活性淋溶土（Lixisols）。其表层土壤的暗色特征可以通过松软（Mollic）、暗色（Umbric）或高腐殖质（Hyperhumic）等限定词体现出来。总体而言，这些土壤比其他热带土壤更具生产力。

热带黑土的覆盖面积并不广，大多分布在湿润的稀树草原和半落叶林区。其在农业中的利用程度取决于所在国家的人口密度和农业发展水平。这类土壤中的碳储量有限，耕作时土壤有机质容易矿化。此外，这些土壤易受水蚀、压实及养分耗竭等多种退化过程的影响。

12 | 巴西热带地区的黑土

巴西黑土的主要类型是热带黑土，其母质来源于玄武岩、辉长岩、辉绿岩（Dematê、VidalTorrado和Sparovek，1992）或钙质岩（Maranhão等，2020）。其形成的主要气候条件为热带气候（干燥，中度缺水或半干旱）。土壤剖面通常位于平缓到起伏明显的坡地、高地和背坡，表层土壤厚度可达65厘米，整个土壤剖面的深度小于130厘米。这类土壤的钙和镁含量较高，质地主要为壤质和黏质两种。在斜坡的最低处，由于存在膨胀性黏土（蒙脱石），土壤在干燥时非常坚硬，而在潮湿时则极为黏稠。在一些缓坡地区，土壤则排水不良（Pereira等，2013）。热带黑土形成于特定的土壤条件下，分布范围较小，通常是热点地区。其中许多地区的植被被称为"干燥森林"，其中包括热带落叶林，这类林木树冠高大，林下植被丰富，如卡廷加群落（Caatinga，位于干旱半干旱气候下的高大落叶林和半落叶林）和塞拉多群落（Cerrado，由开阔草地、灌木丛、开阔林地和郁闭林地组成的混合植被）。

热带黑土剖面
地点：巴西南马托格罗索州科伦巴市
(Municipally of Corumbá, Mato Grosso do Sul State, Brazil)

2.4.6 高原地区的黑土

在高原地区，黑土可能存在于不同海拔的多个生态系统。黑土广泛分布于温带地区的高山草甸及热带山区的帕拉莫生态系统中。这些高原草地会产生大量根系残体，促进了暗色腐殖质的积累。根据降水量的不同，这些土壤可能富含可交换碱基，或受到强烈的淋溶。在第一种情况下，它们被归类为黑钙土，而在后一种情况下，它们则被归类为暗色土（Umbrisols）。

除了高山草甸外，黑土还存在于多个山地生态系统中，因此其确切覆盖面积尚无详细记录。黑土的用途因生态系统而异，在帕拉莫和高山草甸中，黑土区主要被用作牧场。这类土壤最常见的退化过程是水土流失和过度放牧造成的土壤压实。

13 | 吉尔吉斯高原的黑土

天山山脉

　　吉尔吉斯斯坦地形以山地为主，黑土在山地草原下形成。其分布不仅受地形海拔的制约，还受坡向、坡度、坡形及其他区域因素的影响。坡向对山地黑土的形成有显著影响。北向坡地和西北向坡地较少受到强烈日光直射，因而为草本植物的多样性和繁茂生长创造了有利条件。这些植物包括玫瑰果、茎类植物、小檗属植物和木本植物。在茂盛的草本和禾本科植物下，土壤经过碳酸盐淋溶作用，形成了黑土。（Shpedt和Aksenova，2021）。山地条件决定了隆起平原上黑土独特的形态和理化性质。这种黑土呈深棕色，腐殖质含量高（高达10%），并深入土层。在腐殖质组成中，胡敏酸与富里酸的比值超过1：1，碳酸盐受到深度淋溶，土壤上层呈中性反应，下层呈弱碱性反应，且阳离子交换量较高（为30～40厘摩尔/千克），这类土壤的特点是养分总含量相对较高（Shpedt和Aksenova，2021）。其与山谷土壤的区别在于草皮层更发达，土壤剖面分化明显，颜色为近乎黑色的深棕色。

2.4.7　人为黑土

人为（或人造）黑土是一种特定的土壤类型，其黑色不仅来源于有机质，还受到木炭颗粒的影响。自从人类开始定居并从事农业活动以来，就面临着有机废弃物处理的问题。最初，这些废弃物只是被简单地添加到土壤中，这或许在一定程度上提高了土壤有机质水平。然而。在大多数情况下，这种做法只会导致土壤有机碳含量的小幅增加，因为很快就会达到新的平衡状态。特别是在热带地区，高温和充足的水分加速了分解过程，因此，添加有机废弃物产生的效果可能并不显著。然而，在某些情况下，添加有机废弃物却改变了土壤性质，使土壤颜色变得更暗，最终近乎黑色，并伴随着碳和养分含量的（大幅）提升。在这种情况下，人类活动在土壤形成过程中产生了重要影响，促进了人为黑土的形成（国际土壤科学联合会《世界土壤资源参比基础》工作组，2015）。

基于人为上层地平线的诊断特征，土壤分类学家归纳出若干类型的人为土。其中，较为重要的类型包括：草垫人为土（Plaggic Anthrosols，源于农业用地中由草皮和粪便组成的牲畜垫料）（Pape，1970；Giani、Makowsky和Mueller，2014）、厚熟人为土（Hortic Anthrosols，"hortic"源于拉丁文"hortus"，

意为园艺）、炭黑人为土（Pretic Anthrosols，"pretic"源于葡萄牙语"preto"，意为黑色）。炭黑人为土通常具有如下特征：颜色较深，土层较厚（黑土层厚度至少为20厘米，而由于蚯蚓等"生态系统工程师"的强烈生物扰动作用，深度甚至可达100～200厘米），排水良好，土壤质地从沙质到黏质，pH、有机碳含量、总磷含量、可提取磷和有效磷含量、交换性二价阳离子（钙离子和镁离子）、阳离子交换量以及盐基饱和度等均高于周围土壤，而可提取铁含量则相对较低。其较深的颜色既是由于木炭的添加，也受到生物过程（黑化）的影响。

人为黑土正面临若干威胁。集约化农业实践可能导致表层土壤遭受侵蚀及硝酸盐流失，从而导致土壤pH降低和可提取铝含量增加，还可能造成动物物种的减少（Demetrio等，2021）。此外，集约化农业的推广及其引发的土壤侵蚀还意味着文化损失。

2.4.8　其他环境中的黑土

在其他诸多环境中，也有可能形成黑土，但覆盖面积通常较小。其中，具有重要意义的是在石灰石上形成的黑土，在许多土壤分类系统中，这类土壤被称为黑色石灰土（Rendzinas）。根据《世界土壤资源参比基础》（国际土壤科学联合会《世界土壤资源参比基础》工作组，2015），这类土壤被称为黑色石灰薄层土（Rendzic Leptosols）或石灰黑土（Rendzic Phaeozems）。这类土壤源自富含碳酸钙的岩石，其表层土壤呈黑色且质地厚实。此类土壤主要形成于从热带到针叶林气候带的湿润和半湿润气候条件下。在某些地方，这类土壤的分布面积相当可观。尽管这类黑土已被用作耕地和牧场，但由于土壤较浅，其农业用途明显受限。

有时，黑土还形成于褐煤页岩和其他富含碳的物质上。在这类情况下，表层土壤的颜色不仅取决于有机质的含量，还受到母质暗色特征的影响。在这类黑土中，有些土壤以高肥力著称，但也有一些土壤的性质与其他类型母岩上形成的土壤相似。特别值得关注的是鸟类成因黑土，这类土壤形成于北极和南极鸟类栖息的岛屿及沿海地区的鸟类栖息地。这些地方有机质的主要来源是鸟类排泄物，其土壤中的磷含量极高，而磷在地球化学中具有重要作用。

14 | 印第安黑土

巴西印第安黑土及其景观

  关于印第安黑土的成因，基于土壤学和考古学证据，目前最为广泛接受的假说是这类土壤是前哥伦布时期，由美洲印第安人在亚马孙河流域无意中形成的（Kern和Kampf，1989；Schmidt等，2014；Kern等，2019）。人为活动形成的A层（人为表层）厚度可达200厘米，颜色从极暗到黑色不等，而亚表层则呈黄色或红色，在剖面上形成了明显分化。根据定义，人为层的显著特点是肥力高，与邻近的土壤相比，具有较高的磷、钙和镁含量，以及稳定的有机质（通常为木炭）含量；此外还存在文物。总体而言，这些土壤排水良好，质地从沙质到极度黏质不等，其中人为表层（质地以壤质沙土、沙壤土和黏质土为主）与亚表层（质地以黏质沙土和黏质土为主）之间有明显的区别（Campos等，2011）。

  据估算，在整个亚马孙盆地，印第安黑土的覆盖面积占0.1%～0.3%（Sombroek等，2003），另有估算显示其占比为3.2%，甚至达到10%（McMichael等，2014），预估面积为600至60万千米^2。这类土壤的形成速度尚未量化。然而，基于人类活动与土壤改良之间的反馈关系，早期的印第安黑土可能在几十年内就得以形成（Van Hofwegen等，2009）。目前，人们正在尝试再造这种土壤，并称之为"新型黑土"（Terra Preta Nova）。但由于对印第安黑土的成土因素尚不完全了解，此类尝试还未取得显著成果（Lehmann，2009），过去关于新型黑土的文献也极为缺乏。据研究，在哥伦比亚境内的亚马孙河流域，这类土壤在卡克塔河（Caquetá river）沿岸（Mora，2003）以及亚马孙河的一些小支流沿岸（Morcote-Ríos和Sicard，2012）有分布。在哥伦比亚，生活在亚马孙盆地的大多数土著居民都能够利用自然土壤和印第安黑土。有关卡克塔河中部地区的报告显示，土著居民认为这类土壤最适宜农业生产（Galán，2003）。

2.5 黑土的区域分布特征

2.5.1 非洲

非洲大陆广袤无垠，面积约为3 040万千米²，超过了中国、美国、印度、墨西哥及欧洲面积的总和。非洲通常被划分为7个地理区域，每个区域都有其独特的地质特点和气候条件，从而形成了独特的景观和土壤类型（Jones等，2013）。**地中海地区**夏季干燥炎热（气温超过35℃），冬季凉爽宜人（气温约10℃），降雨主要集中在冬季。该地区的植被以灌木为主，农业生产必须依靠额外的水源供应。土壤富含钙和镁，但有机质含量较低。**沙漠区域**包括撒哈拉沙漠、纳米布沙漠、卡拉哈里沙漠以及肯尼亚北部和索马里境内的沙漠，这些地区异常干燥炎热，日温差极大。因此，植被稀少或几乎无植被覆盖，土壤浅薄多石，几乎不具备进行农业耕作的条件。**荒漠草原和稀树草原占据**非洲近一半的面积。稀树草原是一种草地与林地混合生长的地带，通常毗邻森林区域。该区域的土壤排水良好，表层土壤富含有机质但较为浅薄，能够支持一定程度的耕作，但其肥力下降速度较快。**热带雨林区**的气温相对稳定，雨季和旱季分明，因此，森林内植物生产力极高，土壤有机质丰富但养分贫乏且呈酸性。**山区则**包括北非的阿特拉斯山脉、撒哈拉沙漠和南非的高地、东非大裂谷以及埃塞俄比亚高原。这些地区的气候炎热干燥，会受到海拔高度的显著影响，土壤类型多样，但由于土壤发育受到一定限制，土壤类型与地质条件密切相关。**河流和湿地区**包括主要河流的洪泛平原、沼泽和森林湿地。这些地区的土壤特点是河流沉积层次分明，排水良好或长期积水，通常肥力较高，有机质含量丰富。最后，**南非**由于其古老而稳定的地质结构和温暖干燥的气候而形成了与众不同的土壤类型，土层较薄且肥力适中。目前，已经绘制了覆盖整个非洲大陆的多种土壤图，包括世界土壤图（FAO-联合国教科文组织，1981）、世界土壤数据库（FAO、国际土壤参考与信息中心、欧盟联合研究中心，2012）以及非洲土壤图集（Jones等，2013）。Hartemink、Krasilnikov和Bockheim（2013）对全球土壤分布图的绘制过程进行了评述。为了确定世界土壤地图中定义的黑土，所有的黑色石灰土、栗钙土、黑钙土、黑土和灰黑土（Greyzems）都被纳入了搜索范围。最终（从1 635个多边形中）筛选出了55个多边形，选定土壤的组成比例从5%到100%不等，覆盖面积仅为64 666千米²，占非洲陆地面积的0.21%。

在非洲土壤图集（Jones等，2013）中，仅有367个（共13 693个）多边形被界定为栗钙土、黑土或暗色土，总面积为203 923千米²，仅占非洲大陆总面积的0.67%。该图集中并未包含黑钙土或具有黑钙层的土壤类型。这203 923千米^{2}的面积包含了121 435千米^{2}的黑土（占59.5%）、55 746千米^{2}的暗色土（占27.3%）、以及26 742千米^{2}的栗钙土（占13.1%）。因此，非洲关于黑土的研究也比较匮乏，这一点不足为奇。

Eswaran等（1997）指出，暗沃土（包括黑钙土、黑土和栗钙土）主要分布在土壤较为干燥的地区，包括摩洛哥、阿尔及利亚和突尼斯的沿海地区。在撒哈拉沙漠以南的非洲，黑土仅分布于等温区，母质富含碱基，并且通常与高活性淋溶土（Luvisols）和低活性淋溶土（Lixisols）共存。

栗钙土土壤肥沃，因此备受农民的青睐，但由于土壤中钙含量较高，可能会出现养分失衡的问题（Jones等，2013）。这类土壤在炎热干燥的夏季可能会面临干旱，因此需要灌溉才能维持其生产力。栗钙土在旱季还易受风蚀的影响，而在雨季则易受水蚀的影响，尤其是当土壤位于较陡的坡地上时，这种情况更加明显。

黑土在根系足够深的情况下生产力极高，但也可能面临干旱问题，因为只有其表层土壤具备持水能力。黑土与栗钙土一样，也容易受到风蚀和水蚀的影响。

暗色土主要分布在湿润地区，通常呈酸性，因此特别适宜林地植物的生长。这类土壤需要大量施用石灰以提高生产力。暗色土与栗钙土、黑土一样面临风蚀和水蚀的风险。

Eswaran等（1997）总结道，暗沃土（黑钙土、黑土和栗钙土）和变性土的持水能力较强，主要与这些土壤中较高的2∶1型黏土含量有关，只有这些土壤及高活性淋溶土可被视为优质农业用地。

来自南非的58个黑土样本中，表层土壤的平均有机质含量为1.8%，含量范围为0.5%～4.3%（Van der Merwe、Laker和Buhmann，2002b）。研究进一步指出，有机质含量与高岭石含量和酸度成正比。

Van der Merwe、Laker和Buhmann（2002a）从黏土矿物学角度对南非的58个黑土表层土壤样本进行了研究，并得出结论：超过50%的土壤以蒙脱石为主，1/3以高岭石为主，其余土壤则以云母、高岭石和蒙脱石的混合物为主，且在混合物中三者比例大致相等。

Smith（1999）认为，南非克鲁格（Kruger）国家公园的野生动物炭疽病与高钙和碱性的生态环境密切相关，而这种生态环境又通常与钙积土（Calcisols）和栗钙土相关。

在一项关于南非黑土表层土壤成因的研究中，Van der Merwe等（2002b）得出以下结论：这类土壤的覆盖面积约为23 000千米^2，其形成主要与镁铁质火成岩或沉积岩母质相关，但气候可能是主要的成土因素。这类土壤仅存在于季节分明、年均降水量在550～800毫米、干旱指数为0.2～0.5的区域。若年均降水量低于500毫米，则不会形成黑土，这可能是由于有机质的添加或保存不足。Fey（2010）还对南非黑土表层土壤的成因、性质和分布进行了详尽的叙述。

鉴于非洲的黑土面积仅占非洲陆地面积的0.67%，故其在研究中并未得到广泛关注。然而，这些土壤在非洲大陆上最具生产力，因此迫切需要对其进行详细的研究和调查。

2.5.2　亚洲

亚洲幅员辽阔，所有类型的黑土在此均有分布。全球三大黑土区之一便位于中国，主要集中在东北平原（Krasilnikov等，2018）。蒙古国也拥有黑钙土资源。本部分主要介绍中国和日本两个国家的研究案例。其中，中国草地植被下分布着辽阔的黑土，而日本则拥有大量火山灰沉积物形成的黑土。

中国

在中国东北地区土地开垦初期，农民将耕作深度15～18厘米的黑色松软土壤称为"黑土"（Black Soils），包括黑土（Black Soil）、黑钙土（Chernozems）、草甸土（Meadow Soil）、白黏土（White Clay Soil）和暗棕壤（Dark Brown Soil）等（Liu等，2012）。其分布的行政区域跨越辽宁省、吉林省、黑龙江省以及内蒙古自治区赤峰市、通辽市、呼伦贝尔市和兴安盟，总面积为1 244万千米^2（Tong等，2017）。在中国北部和东部地区，植物生长季节雨热同期，夏季植被繁茂，因此土壤积累了大量有机质（Ding、Han和Liang，2012）。而冬季漫长寒冷，微生物活动受限，土壤有机质的积累速度大于分解速度，有利于有机质的积累，从而形成了深厚的黑土层（Sorokin等，2021）。

中国东北地区的黑土主要分布在辽河平原、松嫩平原和三江平原（北纬38°43′—53°33′，东经115°31′—135°05′）（Qin等，2021）。这一区域是世界三大黑土区之一，东西宽度为1 600千米，南北跨度为1 400千米。天然黑土在第三纪、第四纪更新世或全新世的砾石层和黏土层中发育形成。该地区独特的气候、水文条件和植被类型为土壤腐殖质的积累奠定了基础，从而形成了深厚肥沃的黑土层（Li等，2020）。

天然土壤的黑土层（A层）厚度与区域气候条件密切相关。由于开垦后天然土壤转化为耕地，A层中的黑色腐殖质迅速分解，黑色逐渐消失，变成灰色的淋溶层（B层）。某些土壤类型的A层颜色逐渐变为母质的颜色（Zhang、An和Chi，2019）。中国东北部的黑土区以北纬45°为界，南部黑土层较薄，北部黑土层为中等厚度。大部分黑土层厚度超过30厘米，每千克土壤有机质含量超过35克。草甸土的黑土层及其有机质含量与中等厚度的黑土层相似（Li等，2020）。

19世纪之前，黑土区是一个具有卓越生态服务功能的生态系统，受人类活动干扰较少，大量的动物和土壤生物在此栖息繁衍（Liu等，2019）。这片黑土是全球陆地生态系统中最重要的碳汇之一（Li等，2020）。

自20世纪以来，随着现代农业的快速发展和全球人口的持续增长，黑土地迅速被开发为农田，大部分黑土区变成了耕地。中国东北黑土区已成为中国重要的商品粮生产基地，在保障国家粮食安全方面发挥着重要作用（Li等，2020）。

然而，由于黑土资源的集约利用，黑土的自然肥力逐年下降，主要表现在以下几个方面：土壤有机质含量下降、耕作层变得更浅更硬、土壤空气—水分—热量传递功能恶化以及土壤肥力下降。此外，连续耕作导致严重的土壤退化，如土壤侵蚀和酸化现象日益严重；坡地农田的土壤侵蚀严重，导致黑土严重退化（Zhang等，2021）。

近年来，在中国农业农村部、科学技术部、自然资源部带领下，中国东北四省份积极开展了高标准农田建设、水源涵养、土壤检测与配方施肥、土壤有机质提升、保护性耕作等项目，形成了一系列适合不同地区和黑土类型的保护措施，如采用深松耕方式来缓解土壤压实并为耕作做好准备、推广少耕和免耕、实施秸秆还田以及增加有机肥的施用量（Li等，2021）。这种黑土保护与利用的综合技术模式及运行机制旨在控制黑土流失，保持土壤水分和肥力（Han等，2018）。

日本

火山灰土约占日本农业用地的30%，广泛分布于火山山脉、丘陵和更新世形成的高原地区，特别是活火山附近的高原。火山灰土的主要母质是火山喷发物，如火山灰、浮石和火山渣。火山灰土富含活性铝和活性铁，这些元素是土壤形成过程中的产物，具体表现为水铝英石、伊毛缟石、铝-腐殖质复合物、水铁矿等。

日本火山灰土的土壤剖面形态特征如下：①形成富含有机质的黑色和深色腐殖质层；②在森林植被下形成富含有机质的棕色腐殖质层；③形成累积型腐殖质层；④形成埋藏型腐殖质层（Takata等，2021）。火山灰土在物理和化学特性上也具有独特性（Shoji等，1993），具体表现为：①松软且轻质；②具备高持水能力；③对氟具有高反应性和强磷吸收能力；④拥有高阳离子交换量，且其电荷类型主要为可变电荷（电荷状况取决于pH）；⑤在潮湿气候下对碱性阳离子和酸性物质的保留能力较弱。这些独特性质与短程有序矿物或腐殖质的存在密切相关。在全球范围内，火山灰土一直以来都被视为高产土壤，但日本的传统观点认为火山灰土中的低磷含量往往限制了作物生产（根茎类作物和马铃薯是火山灰土中常见的作物，而水田作物则较少种植在火山灰土上），因此火山灰土在日本被视为低产土壤。

在日本，磷酸盐吸附系数（PAC）是土壤调查中常规检测的一项土壤指标。土壤PAC使农民能够确定适当的磷肥施用量。在火山灰土中，影响PAC的主要因素是有机铝复合物以及（存在于水-矿物界面的）水铝英石和伊毛缟石中的铝（Nanzyo等，1993）。磷肥建议施用量为PAC的3%，并且同时需补充钙和镁。Matsui等（2021a）的报告称，就日本的火山灰土而言，与土壤有机碳相比，PAC与黏土和粉沙黏土含量的正相关性更为显著。

增施磷酸盐和碱性物质对土壤进行化学改良后，火山灰土区凭借其广阔平坦的地势、良好的物理性质及便于耕作的优势，已成为根茎类作物和块茎类作物的主产区。

在排水良好的条件下，火山灰土中积累的有机质含量位居全球各类土壤之首（Shoji，1984）。火山灰土中的腐殖质与铝形成复合物，从而提高了其抵御微生物分解的稳定性。火山灰土的分布面积仅占地球陆地面积的0.84%，但其土壤有机碳含量却占全球总量的1.8%左右。火山灰土积累的碳量是其他土壤的两倍多，且覆盖了日本总土地面积的30%。从日本的粮食安全和全球环境保护的角度来看，火山灰土是一种重要的土壤资源。根据2015—2018年日本农业用地全国土壤碳监测项目数据，火山灰土的平均碳储量（0～30厘米深度）在不同农业用地中分别为：稻田122吨/公顷（以C计，余同）、旱地作物田117吨/公顷、牧场154吨/公顷和果园137吨/公顷（Matsui等，2021b）。火山灰土的碳储量远高于日本的其他土类，如冲积土、始成土和强淋溶土。利用"土壤有机质周转计算机模拟模型"（Roth-C模型）对1970—2006年日本农业用地土壤有机碳储量的模拟结果显示，火山灰土的土壤有机碳储量呈增加趋势，而其他土类的土壤有机碳储量则有所降低（Yagasaki和Shirato，2014）。

研究称，土壤水蚀是火山高地所经历的一种土壤退化过程。火山灰土的次表层通常具有极高的磷固定能力，一旦土壤侵蚀导致耕作层流失，土壤肥力将显著降低。土壤水蚀不仅使土壤肥力下降，还可能因侵蚀沉积物排入河流而导致水体污染，从而影响流域环境。流经火山灰土分布区的河流在降雨后，颜色通常会变得发黑（Matsumoto，1992）。通常情况下，火山灰土耕作层的土壤团聚作用并不强，由于不同火山灰的沉积，土壤层次之间常常表现出明显的质地变化。这些特性使得火山灰土易受土壤水蚀的影响。Fujino和Matsumoto（1992）的报告称，与相邻的半自然草地的表层土壤（根据土壤碳含量调整）相比，火山灰土区耕作层的厚度（根据土壤碳含量调整）减少了约40厘米。Shiono等（2004）在关东北部的火山灰土分布区对裸地和甘蓝菜地的土壤侵蚀情况进行了实地检测。结果表明，甘蓝菜地的沉积物通量远低于裸地，并且甘蓝菜地的沉积物通量受到田间作物覆盖及作物残茬覆盖的影响（Shiono等，2004）。在日本，雨季和台风季节常出现强降雨，因此在这些时期避免土地裸露对于控制土壤水蚀至关重要。

基于以上原则，土壤水蚀和沉积物控制应当综合运用适当的农艺措施、土壤管理、田间管理和机械手段。然而，鉴于农民从这些措施中获得的直接利益相对较少、控制成本相对较高，他们往往不愿采纳相关的农艺和田间管理方法。此外，因机械手段预算费用巨大，农民也难以采用。尽管如此，日本农林水产省（MAFF）支持农民采取上述措施，并建立农业多功能性补贴制度，在特定条件下为实施田间管理方法的地方行动小组提供资金支持。这一支持行动基于以下核心理念：农业在保护国家土地、水资源以及在降雨径流事件中的自然排水方面发挥着多重作用（Shiono，2015）。

2.5.3 欧洲和欧亚大陆

在欧洲，黑土（包括黑钙土、黑土和栗钙土）分布范围较广，包括匈牙利、保加利亚、奥地利、德国南部、捷克、斯洛伐克、罗马尼亚以及巴尔干半岛的部分区域（Krasilnikov等，2018）。在乌克兰境内，黑土的分布尤为广泛，面积达到了3 420万公顷。在摩尔多瓦，黑土更是占该国领土面积的86.4%，达到292万公顷。然而，黑土分布面积最大的国家是俄罗斯，其总面积高达3.268亿公顷，主要分布在中部黑土区、伏尔加地区、北高加索、南乌拉尔以及西西伯利亚地区。此外，黑土向东延伸至阿尔泰山脉的平原与山麓地带，以及东萨彦山脉的山麓外围。黑土在哈萨克斯坦北部广泛分布，总面积达1.077亿公顷，约占该国领土面积的9.5%（FAO，2022a）。在欧洲及欧亚大陆范围内，本节选取了3个研究案例，分别代表了3种典型的黑土分布区：温带平原草原（乌克兰）、山地（吉尔吉斯斯坦）及处于森林—草原过渡植被下的小面积黑土分布区（波兰）。其中，乌克兰的大部分领土被黑土覆盖，针对这些土壤的生产力、生态系统服务以及退化状况已进行了广泛的研究，因此，有关乌克兰的案例研究尤为详尽。

乌克兰

乌克兰境内的黑土类型中有一类土壤，其成因和发育历史存在一定差异。这类土壤有机质含量高，形成了饱和的深色表土，颜色从深灰到黑色不等。通常，在《世界土壤资源参比基础》系统中，它们被归类为黑钙土（Chernozems）、栗钙土（Kastanozems）和黑土（Phaeozems）。

黑钙土和其他黑土的演变几乎贯穿了整个全新世，因此是一种多成因土壤。植物-气候条件对黑土的形成产生了巨大影响，无论是草原还是草地植被，都有茂密的草皮覆盖，有助于有机物质的积累。

黑土形成最有利的条件出现在森林草原带的南部和草原北部，那里广泛分布着普通黑钙土。在这些亚区的南部，水分含量逐渐降低，降水量和植物根系深度减小，因此，富含腐殖质的表层土壤深度和有机物质含量也随之减少。相反，在北部，水分和交换性阳离子的淋溶较为充沛，有机碳的浓度也有所降低。从西向东，气候的大陆性增加，从而增加了黑钙土中土壤有机质的含量，并降低了相对稳定的总腐殖质储备的腐殖质层厚度。生物活动呈现类似的动态变化，在很大程度上受到不利水分状况的影响，这种状况又取决于大陆性气候的趋势。

这些土壤的粒径分布由母岩决定：黄土和类黄土质土（Loess-like Loams）在乌克兰黑土面积中的占比约为75%。母岩的物质成分根据地质和地貌因素而变化（Polupan，1988）。总体而言，黏土含量从西北向东南逐渐增加。富含有机质的黑土土壤剖面深度变化在60～120厘米，甚至更深，特别是在分水岭高原和北坡地区。黑土的特征是深灰色，随着向母岩过渡，颜色逐渐变浅。在轻微垂直黏土再分配的黑土中，表层土壤呈现较浅的淋溶色。乌克兰的黑土具有多样的物理化学性质、水文物理性质和农业化学性质。乌克兰平原上的土壤空间分布具有明显的纬度地带性，但这些自然带和亚带内的局部气候、地质和地形因素使得情况复杂化，这也影响了黑土的分布。由于这些土壤分布在所有气候区，因此值得注意的是这些土壤在不同区域具有特定特征。波利西亚的黏化灰色黑土（Luvic Greyzemic Phaeozems）仅分布于黄土岛。在森林草原中，黑土以普通黑钙土为主，这些土壤被发现于低洼高原和高黄土阶地上。过去，这些地区以草原草地为主。波利西亚的第二大区域被黑土和黏化黑钙土（Luvic Chernozems）占据。北部草原的土壤覆盖主要以"草本-羊茅-针茅"草原下形成的普通黑钙土为主。土壤的多样性与所在区域从北到南的干旱程度逐渐增加相关，这导致了以下变化：腐殖质层厚度减小，表层土壤中的碳含量降低，碳酸盐、石膏和水溶性盐的积累深度减小。南部草原地区以石灰性黑钙土（Tonguic Chernozems）为主，这些土壤形成于干旱气候条件下的羊茅草原。干旱草原的土壤主要成分是栗钙土。在喀尔巴阡山脉和克里米亚山脉，黑土偶尔出现在垂直带的第一层。

遗憾的是，由于对土壤资源的管理不够均衡，土壤肥力无法保持（Baliuk和Kucher，2019）。乌克兰土壤资源的现状是土壤退化过程不断加剧，主要原因是国家土壤保护任务与个体从农业活动中快速获利之间的利益冲突。因此，为保护土壤资源和阻止土壤退化，乌克兰需要在组织、信息、技术和财政等领域采取新的方法和综合解决方案（Balyuk、Medvedev和Miroshnychenko，2018）。当前全球和地区气候变化给土壤资源和农业生产带来巨大影响

（Borodina 等，2016；Kazakova，2016），在这一背景下，保护土壤资源这一议题尤为紧迫，同时还需要调整土地用途来适应气候变化（Kucher，2017）。

绝大部分黑土地被广泛用于农业生产。因此，像黏化黑钙土（6.0%）、普通黑钙土（21.3%）和石灰性黑钙土（39.5%）这样的纯黑钙土共同占据了耕地总面积的66.8%（Miroshnychenko 和 Khodakivska，2018）。这些地区几乎种植了所有类型的农作物，谷物、向日葵、甜菜、油菜等作物的产量特别高。

然而，这种高生产力也伴随着高风险。根据 Yatsuk（2015）提供的数据，耕地面积占总农业用地面积的78%，而耕种面积占总土地面积的53.9%。将近74%的农业用地为私人所有，24%为国有财产。忽视轮作已经成为日常做法，这导致了土壤肥力下降。种植单一作物以及轮作中过度种植高能耗作物会导致土壤养分消耗、水文物理功能和化学性质恶化，并引发其他不良后果。随着小规模土地农业形式的普及，这种现象变得尤为普遍。这导致作物产量的下降，并使农业转向非专业化的短期轮作。此外，当前的市场状况迫使农民主要种植能源密集型作物（如向日葵），这也加剧了对作物轮作的忽视（Yatsuk，2015）。

黑土的广泛分布使其在全球环境中具有重要意义。根据相关数据（FAO，2015），特定土壤类型的综合生态系统服务评级见表2-4。

表2-4　特定土壤类型的综合生态系统服务评级（《世界土壤资源参比基础》）

土壤类型	评分点				
	粮食、饲料和纤维生产（分）	水资源调控（分）	生物多样性（分）	减缓和适应气候变化（分）	其他益处
黑钙土	5	4	4	4	侵蚀控制
黑土	4	3	4	4	侵蚀控制
栗钙土	3	2	3	4	侵蚀控制

资料来源：FAO，2015。健康土壤是健康粮食生产的基础。意大利，罗马。

现行的土壤资源管理策略涵盖以下几个关键方面：①通过土壤肥力管理，发挥土壤和气候的最大潜能；②维护生态系统服务和土壤功能，确保其作为地球生物圈的重要组成部分；③利用土壤的固碳潜力，并在农业生产中尽可能减少碳排放。

然而，目前的做法存在一些问题，如过度耕作、单一作物连作、忽视有机肥料的施用、过量依赖植物保护产品，以及缺乏对土壤质量的实质性监控，这些都迫切需要我们改进对土壤资源的管理方式。这些问题涉及所有类型的土壤，对黑土的影响尤为普遍，鉴于其在农业生产中的重要地位，更需要我们给予特别关注和管理。

乌克兰的土壤有机碳分布呈现明显的纬度梯度（Plisko等，2018；Vyatkin等，2018）。在分析乌克兰0～30厘米土层土壤有机碳储量的分布时，以1 000米×1 000米的分辨率可以清晰地看到富含碳的黑土，特别是在森林草原和草原地区。土壤有机碳含量最低的通常是波利西亚地区的沙质灰化土，虽然这些土壤并不直接与黑土相关，但对于评估判断来说却很重要。在乌克兰南部干旱的草原地区，有机碳储量显著下降，这一点在文献中有所描述（Polupan等，2015）。

表2-5的数据显示，乌克兰黑土的有机碳储量差异很大。草甸草原土（深色黑钙土）和黑钙土（灰化黑钙土、淋溶黑钙土、典型黑钙土、普通黑钙土、南方黑钙土、草甸黑钙土）中的高浓度有机碳与灰色森林土（深灰色森林土壤）中较低浓度的有机碳形成鲜明对比。因此，在前一组土壤中，土壤有机碳浓度为83～85吨/公顷，这几乎是灰色森林土（深灰色森林土壤）（45吨/公顷）的两倍。黑土的有机碳含量居中，为59吨/公顷。有机碳储量由低到高的排序如下：黏化潜育黑土（Luvic Gleyic Phaeozems）（深灰色森林土壤）、栗钙土（栗色土壤）、黑钙土（灰化黑钙土、淋溶黑钙土、典型黑钙土、普通黑钙土、南方黑钙土、草甸黑钙土）、潜育黑土（草甸深色黑钙土）。

表2-5　乌克兰0～30厘米土层主要土壤类型的有机碳储量
（Plisko等，2018；Viatkin等，2018）

土壤类型	FAO《世界土壤资源参比基础》	平均有机碳储量（吨/公顷）
灰色森林土（深灰色森林土壤）	黏化潜育土	45
黑钙土（灰化黑钙土、淋溶黑钙土、典型黑钙土、普通黑钙土、南方黑钙土、草甸黑钙土）	黑钙土（灰色黏化黑钙土、黏化黑钙土、暗黑钙土、黑钙土、钙积舌状黑钙土）	83
栗色土壤	栗钙土	59
草甸草原土（草甸深色黑钙土）	潜育黑土	85

资料来源：Polupan, N.I., 1988。乌克兰土壤及其肥力提升：第一卷。生态，状况与过程，分类、遗传与生产（俄文）。基辅：Urogaj出版社。

注：土壤类型依据乌克兰土壤分类标准确定（Polupan，1988）。

造成乌克兰土壤退化的主要因素除了土地结构不平衡和农业用地负荷过重外，还包括侵蚀、有机质流失和养分流失（Balyuk等，2012；Balyuk和Medvedev，2015；Boroday，2019；《乌克兰2018年环境状况国家报告》，2020）。

得益于乌克兰境内实施的农用化学品认证，以下退化过程得到了很好的监测：有机碳流失，反硝化反应，磷、钾、硫和微量元素的流失，去钙化，重金属污染，持久性农药污染，放射性核素污染，酸化，盐碱化（Balyuk 等，2012；Miroshnychenko 和 Khodakivska，2018；Yatsuk，2018；《乌克兰2018年环境状况国家报告》，2020）。总体而言，各种退化类型、普遍程度及其严重程度可以参见表2-6。根据Medvedev（2012）的研究，其中一些退化过程是不可逆的。

表2-6　乌克兰土壤退化类型的分布情况

退化类型	不同退化程度下的耕地面积占比（%）			
	轻度	中度	重度	总计
肥力下降，腐殖质含量降低	12	30	1.00	43.00
压实	10	28	1.00	39.00
土壤结皮和土壤封闭	12	25	1.00	38.00
水侵蚀，表面冲蚀	3	13	1.00	17.00
土壤酸化	5	9	0	14.00
涝灾	6	6	2.00	14.00
放射性核素对土壤的污染	5.0	6.0	0.10	11.10
风蚀：表土流失	1	9	1.00	11.00
农药及其他污染物对土壤的污染	2.0	7.0	0.30	9.30
土壤重金属污染	0.5	7	0.50	8.00
盐化（碱化）	1	3	0.10	4.10
水蚀：地形因冲沟而变形	0	1	2.00	3.00
水土流失的异地影响	1	1	1.00	3.00
土壤表面的降低	0.05	0.15	0.15	0.35
风蚀：地形变形	0.04	0.23	0.08	0.35
荒漠化	0.04	0.18	0	0.22

资料来源：Medvedev，V.V.，2012。乌克兰土壤监测。概念、结果与任务（第二次修订版）。哈尔科夫：CE城市出版社。

乌克兰黑土退化的主要原因是不当的农业应用（Balyuk 等，2010）。1990年，每公顷土地平均施用的氮磷钾肥为150千克，而到了2000年，这一数字骤降至18千克。尽管近期有所改善，2015年平均每公顷施用的氮磷钾肥回升至50千克（Miroshnychenko 和 Khodakivska，2018），但这一水平仍不足以实现养分的平衡。

黑土退化和荒漠化现象导致生物多样性的丧失，小型乃至大型水体干涸，水体富营养化问题加剧，地下水污染日益严重，大气中温室气体浓度不断上升。几乎所有土壤属性都会因不合理的经济活动而恶化，特别是在全球变暖和农业化学污染的双重影响下。因此，大多数黑土区不适合或仅在一定程度上适合种植环境友好型农作物（Boroday，2019），而这种情况会对社会直接产生重大影响。

为了减少人类活动对土壤造成的压力，乌克兰建立了土壤监测组织，并制定了实施方案（Medvedev，2012），同时还提供了一个借鉴欧洲国家先进经验的版本。据此，乌克兰推出了一系列措施，旨在改善当前状况并确保境内黑土和其他所有土壤的退化达到一种中和水平（Baliuk、Miroshnychenko和Medvedev，2018）。而监测土壤退化的中和水平还可以提供有效的手段：一方面依据已制定的指标和标准来评估土壤的实际状况，另一方面可以设计跨农业、气候、生态、土壤科学及其他领域的合作路线图（Dmytruk，2021）。

吉尔吉斯斯坦

吉尔吉斯斯坦是世界上多山的国家之一。黑土在山地草原上发育，其分布由地形高度决定，也与坡向、坡度、坡形等区域因素有关。山地黑土广泛分布于天山北部，包括塔萨-科明岭（Tassa-Kemin）和喀斯特克岭（Kastek）的山坡上，昆格阿拉套山（Kungei Ala-Too）的北坡，少量山地黑土分布于吉尔吉斯斯坦（Kyrgyz）和塔拉斯岭（Talas）的北坡。黑土也广泛分布在天山中部山脉坡地的山间洼地和凹地边缘，在昆格阿拉套山和帖尔斯克伊阿拉套山（Terskei Ala-Too）的东部，朱姆加尔（Dzhumgal）、苏萨梅尔（Suusamyr）、纳伦（Naryn）和阿特巴辛（At-Bashin）山脊，以及费尔干纳（Fergana）山脉的东北坡。黑钙土也见于西天山，在费尔干纳、查特卡尔（Chatkal）和阿莱（Alai）山脊的山坡上，以及环绕凯特门秋宾山（Ketmen-Tiubinskaya）洼地的山脉坡地上。山地黑钙土分布在不同的海拔高度，主要位于1 400～2 700米的阴湿坡地和梯田台阶上。在海拔2 000～2 200米的卡尔克拉地带，年均降水量可达1 000毫米。坡向对山地黑土的形成有很大的影响。北向和西北向的坡面较为阴蔽，不易受到强烈的日照，因此为草本植物的多样性和良好生长创造了有利条件，随着环境的变化，这些草本植物逐渐被玫瑰果、茎类植物、小檗属植物和木本植物取代。在茂盛的草本植物和禾科植物下，土壤经过碳酸盐淋溶作用，逐渐形成了黑土（Shpedt和Aksenova，2021）。

吉尔吉斯斯坦的山地地形为黑土的形成创造了特定条件，包括山地黑土和山谷黑土。土壤形成的山地条件决定了这些土壤独特的形态、物理和化学特性。位于隆起平原和山谷中的黑土，土壤剖面分化相对较弱，颜色为深褐色，腐殖质含量较高（高达10%），且深入土层。在腐殖质组成中，腐植酸与富啡酸的比例超过1：1，而碳氮比（C：N = 8：9）则相对较低；碳酸盐淋溶较深，土壤上层呈中性反应，下层呈弱碱性反应，并且具有较高的阳离子交换量（30～40厘摩尔/千克）。这些土壤的养分总含量相对较高（Shpedt和Aksenova，2021）。

与山谷黑土相比，山地黑土具有更发达的草皮层、更明显的土壤剖面分层、深棕色至几乎黑色的颜色、更高的腐殖质含量（高达15%）、更高的碳氮比（9：11），以及更高的阳离子交换量（Shpedt和Aksenova，2021）。草本植物的根系生物量对黑土性质的形成至关重要。根据Mamytov和Bobrov（1977）的研究，天山北部山地黑钙土0～50厘米土层中积累的根系数量平均为45.55吨/公顷，而在昆格阿拉套山脉南坡的伊塞克湖山地（Issyk-Kul Mountain）黑钙土中，这一平均值为44.61吨/公顷。在天山北部山地台地，黑钙土的根系生物量累积值低于山地黑钙土，为29.60吨/公顷。在伊塞克湖盆地，山地和纵向黑钙土的根系生物量累积值为34.26吨/公顷，而山地黑钙土的根系生物量累积值为46.35吨/公顷。因此，山地斜坡上的黑钙土的年根系生物量累积值高于山地山坡上的黑钙土。

许多研究者指出，年根系生产量占土壤有机质总量的1/3（Voronov和Mamytova，1987）。因此，山坡黑土每年积累约15.0吨/公顷的有机质，而在山地土层中，这一指标为9.90～11.4吨/公顷，这表明在它们形成过程中生物量的形成具有不均匀性。

中亚黑土碳氮比与气候条件之间存在相关性。在伊塞克湖亚群黑钙土以及湿润度最高的天山北部，碳氮比最高；而在天山西部和天山内陆地区，碳氮比最低。然而，需要注意的是，前两个亚群的黑钙土在上层草皮层中具有较高的碳氮比，而在20厘米深度以下，这一比值会显著缩小。相比之下，天山西部和天山内陆地区的黑钙土在整个剖面中均保持较低的碳氮比。在这些土壤中，从高腐殖质土壤到低腐殖质土壤，碳氮比逐渐缩小；低腐殖质土壤的碳氮比为11.0：1，而富含有机质的黑土的碳氮比为13.4：1。山地斜坡土壤中较高的碳氮比是由大量难以降解的残余物引起的。

中亚地区所有黑土的上层腐殖质层pH在6.9～7.3，而下层碳酸盐层的pH在8.5～8.6。山地黑土不含易溶盐。高山黑土的阳离子交换量超过50厘摩尔/千克。在吸附的碱基总量中，钙的含量占主导地位。镁的含量略有增加，仅在个别情况下，镁的比例才会达到吸附碱基总量的30%～31%。

吉尔吉斯斯坦的黑土具有优良的土壤结构和较高的持水能力。超过80%的表层土壤颗粒直径在0.25～10毫米。充分的湿润度、茂密的草本植被以及蚯蚓活动是这些土壤结构形成的主要影响因素。然而，如果不采用恰当的农业技术，山地黑土的结构可能会迅速退化。此外，在耕作和灌溉过程中，有时会形成一个压实层，此时就需要定期调整耕作深度来破除这个压实层。

吉尔吉斯斯坦对黑土的农业利用依赖地形和气候条件。高原和山谷黑土肥力较高，在灌溉和雨养条件下通常被用于种植粮食作物、饲料作物和栽培马铃薯。黑土还被广泛用于发展园艺和养蜂业。山地黑土则被用作春秋季的牧场和草地，在一些地方则发展雨养农业，种植粮食作物。如果不采用适当的农业技术，山地纵向黑钙土的结构就会迅速退化，特别是在灌溉区，黑钙土还易遭受侵蚀（Duulatov等，2021）。

在灌溉黑土区，科学合理的作物轮作制度至关重要。在肥沃的黑钙土上，可以实施以下轮作制度：不种植多年生牧草，而是种植过冬作物、一年生豆科作物、谷类作物和饲料作物，但务必在耕作间隙实行休耕（Mamytov和Mamytova，1988）。建议采取以下有力举措：保持积雪（如修建垄沟、种植防风植物等），控制杂草（如燕麦、马齿苋等），并施用有机肥料和矿物肥料。山地黑钙土常被用作秋季到翌年春季的牧场，同时承受着很大的压力。年复一年，草本植物的产出逐渐减少，土地上开始生长出带刺的灌木丛和无法食用的杂草。农民对特殊的土壤保护轮作制度和零耕作的农业技术方法了解不足，他们几乎没有沿等高线耕作，而是在坡度较大的土地上横向播种。

牧场的改良仅可在相对较大且平整的区域进行，即通过翻耕并混合播种豆科和禾本科草本植物的种子来实现。土壤浅层改良，包括耙耕、翻耕和播种豆类及谷物草，效果很好。此外，牲畜的负荷应在牧场上合理分配，提供单独的休息坡地或区域，以便使这些区域得到适当的恢复，从而促进自然草本植物的良好生长。诸多研究（Yusufbekov，1968；Mamytov，1973）表明，对谷物和草地草原进行一年的休耕，可以使产量提高40%～50%。

山地生态系统服务不仅彰显了自然之美和休闲潜力，而且能提供氧气、吸收二氧化碳，同时还供应着所需产品和材料。山区的森林和草地在增加湿度、改善气候方面潜力巨大。在山地纵向暗栗土中，土壤有机碳的固存量（含量）为2.33%～2.91%（腐殖质含量为4.0%～5.0%）；在山地纵向低腐殖质黑土中，土壤有机碳的固存量为2.33%～3.49%（腐殖质含量为4.0%～6.0%）；在山地纵向腐殖质黑土中，土壤有机碳的固存量为3.49%～5.81%（腐殖质含量为6.0%～10.0%）。在山地黑土中，有机碳含量范围为2.33%～11.62%。黑土表层（0～25厘米）土壤的有机碳总储量为50.54～92.47吨/公顷。

波兰

第一类黑土：已耕种超过100年。西里西亚低地（波兰西南部）的黑土是波兰农业生产力最高的土壤。Bieganowski等（2013）对其进行了描述。

黑土的形成与整个全新世的气候变化以及人类活动有关，这些因素影响了黑土的形态和性质，具体取决于它们在景观中的位置。位于较高位置的土壤排水良好，但那些位于较低位置的土壤在早春时节可能会过于湿润。对这些土壤进行排水可以保证生长季节适当的土壤湿度和植物的水分供应。具有粉沙壤土（SiL）质地的土壤剖面符合黑钙土的标准（国际土壤科学联合会《世界土壤资源参比基础》工作组，2015），土壤层序列：Ap层（0～26厘米），A层（26～47厘米），ACg层（47～60厘米），Cg层（60～85厘米），Ckg层（85厘米以下）。非常深的灰色（2.5Y 3/1）腐殖质层达到47厘米。土壤在腐殖质层显示出颗粒状细结构，并从ACg层开始可见滞水性质。在整个剖面中可以看到蚯蚓通道和动物洞穴。Ap层的土壤总有机碳（TOC）含量达到2.13%，总有机碳储量达到120吨/公顷。尽管表层没有碳酸盐，但整个土壤剖面呈碱性，碱饱和度在90%～100%。

第二类黑土：作为草地使用超过100年。土壤剖面位于全新世洪泛平原上（比河流水平面高1.5～3.0米），排水程度不同。尽管土壤质地为沙壤土（SL），但腐殖质层厚度达到33厘米。土壤层序列如下：Ap（0～33厘米），Cg1（33～50厘米），Cg2（50厘米以下），并且在腐殖质层下方直接出现氧化还原特征。从土壤剖面的形态可以推断出腐殖质层是在农耕条件下形成的。深耕的证据显而易见，表现为明显的腐殖质层边界和腐殖质层的颗粒状细结构。由于湿度高，土壤的生物活动减少。Ap层土壤的总有机碳含量达到3.18%，总有机碳储量达到142吨/公顷。由于缺乏碳酸盐，整个土壤剖面呈酸性，碱饱和度在25%～41%（Bieganowski等，2013）（表2-7）。

表2-7　不同类型黑土的特定性质

性质	简要说明（参考）	
	第一类黑土	第二类黑土
土壤质地	粉沙壤土	沙壤土
土壤结构	颗粒状，细小	颗粒状，细小
土壤孔隙度	47%	40%
土壤颜色	2.5Y 3/1	10YR 2/1
土壤化学性质	土壤总有机碳（TOC）含量为2.13%，总氮（TN）含量为0.18%，pH（H_2O）为7.23，有效阳离子交换量（ECEC）为30.0，碱饱和度（BS）为97%	土壤总有机碳（TOC）含量为3.18%，总氮（TN）含量为0.18%，pH（H_2O）为4.8，有效阳离子交换量（ECEC）为11，碱饱和度（BS）为25%

资料来源：Bieganowski等，2013。波兰可耕矿质土壤数据库：综述。国际农业物理学，27（3）：335-350。

就波兰的情况而言，大多数符合黑土标准的土壤是在含碳酸盐的厚黄土沉积物、冲积和残积（富含腐殖质）物质、石灰石和其他碳酸盐岩上发育的。由黄土发育的黑土在波兰南部的黄土带中形成岛屿。黑土也可能出现在河谷和其他低洼地或斜坡底部的平坦地区，其中一些存在于缓坡和石灰石出现的丘陵地带。

由于具有卓越的生产力潜力，早在新石器时代，一些黑土就已广泛被开发为耕地，这一点得到了考古学家的证实。一些被"湿润型"黑土覆盖的区域经过排水处理，能够被用于农业耕作，但其中一部分地区仍然保持原貌，被用作草地。

波兰的黑土因高肥力而主要被用于种植粮食作物和纤维作物。这些土壤的易压实性和通气性问题，早在1991年就由Domzal、Glinski和Lipiec等学者进行了详细描述，后续也有其他研究者对此进行了研究。由于大多数黑土远离污染源，通常被认为是未受污染的土壤，这也一定程度上得到了全国性监测项目的验证。在草地和森林覆盖下的黑土，不仅是人们散步和沉思的好去处，还因为考古发现而为人们带来丰富的文化体验。

黑土在减缓和适应气候变化过程中发挥着重要作用。由于黑土被集中用于粮食生产，这部分生态系统服务在农业中并未得到充分发挥。黑土也正经历由于pH降低和有机碳含量减少而加速退化的过程。在波兰，黑土的退化过程表现为土壤酸化和水蚀，也导致有机质的流失。农民偏好的耕作方式通常也会加速侵蚀过程。由于自身的特殊质地，黏土含量较高的黑土面临着土壤压实的威胁。

2.5.4　拉丁美洲和加勒比地区

阿根廷

阿根廷中纬度草原上的黑土。这些黑土主要分布在潘帕斯草原的东部地区，位于阿根廷的中东部，该区域属于温带气候区，纬度为南纬31°—39°。潘帕斯草原是一片广袤的平原，完全平坦的地带与轻微起伏的平原以及起伏不平的地形交替出现，根据不同的环境特征将该区域划分为若干子区域（Durán等，2011）。

在潘帕斯草原的东部，年均气温从南部的16℃逐渐攀升到北部的19℃，年均降水量则从西南部的750毫米增加到东北部的1 100毫米。春季和秋季是降水最为充沛的季节，相比之下，冬季的降水量则相对较少。根据土壤分类系统，该地区的土壤水分状况一般为湿润状态（Udic），而在平坦和低洼地区，土壤水分状况则为过湿状态（Aqic）。自然植被主要包括广阔的草原和中等高度的多年生及一年生草本植物，如须芒草属、孔颖草属、针茅属、霞禾属、黍属、雀稗属等。然而，农业和畜牧业活动已经极大地改变了这片土地的自然景观，原始植被仅在一些农业价值较低的地区得以保留。

潘帕斯地区是一个辽阔而深邃的沉积盆地。只有在布宜诺斯艾利斯省南部才有岩石山脉（坦迪利亚山脉和文塔尼亚山脉）。覆盖在地表的最新的第四纪沉积物构成了潘帕斯土壤的主要母岩，其中东部主要是黄土和黄土状沉积物，而西部则是风成沙。这些晚更新世至全新世时期的沉积物大多源自安第斯山麓和巴塔哥尼亚北部的安山岩、玄武岩和凝灰岩沉积物，以及来自安第斯山脉不同火山源的直接火山灰沉积物，此外还源于该地区周围不同地点的火成岩、变质岩和沉积岩。由于起主导作用的西南风的风成作用，沉积物经历了粒度分选，导致西部沉积物较粗而东部沉积物较细。与北半球以石英为主的典型黄土不同，潘帕斯地区的黄土中，轻矿物部分以火山玻璃的丰富性为特征，而重矿物部分通常富含辉石和角闪石（Zárate，2003；Morrás，2020）。至于黏土部分，伊利石是该区域大部分地区的主导矿物，伴有少量的高岭石，而伊利石－蒙脱石和蒙脱石在向东靠近巴拉那河和大西洋的地区则逐渐增多并成为主导矿物（Durán等，2011）。在潘帕斯地区的南部，广泛分布着一种被认为属于上新世到更新世的石化层，其上覆盖着一层薄薄（厚度不足1.5米）的全新世黄土。而在潘帕斯北部，钙结层通常是不连续的，位于土壤更深处，并被更厚的更新世和全新世黄土层覆盖。

潘帕斯地区的黑土主要是暗沃土，其中最具代表性的是黏淀湿润软土（Argiudolls）和弱发育湿润软土（Hapludolls）（Durán等，2011；Rubio、Pereyra和Taboada，2019）。以下两个区域的黑土比例较高：东北部的潘帕斯起伏区和南部的山脉及山间区域。在潘帕斯起伏区的北部，排水网络清晰，地形轻微起伏（坡度为2%～5%）。典型黏淀湿润软土分布最为广泛，其黑钙表层目前约含有2%的有机碳，黏化层较深，黏土含量从西部的30%到东部的50%不等，土体往往可达到120厘米深；在BC层和C层经常可见碳酸钙结核。此外，由于土壤母岩中膨胀性黏土矿物含量较高，变性黏淀湿润软土（Vertic Argiudolls）在巴拉那－拉普拉塔河流轴线的边缘也很常见（Morrás和Moretti，2016）。在潘帕斯起伏区的南部，变性黏淀湿润软土分布非常广泛，变性土频繁出现，潜育黏淀湿润软土（Aquic Argiudolls）和黏淀漂白软土（Argialbolls）则出现在微形凹地中。

另外，在坦迪利亚山脉系统和文塔尼亚山脉系统中，不同厚度的黄土沉积覆盖了火成岩和变质岩，厚度从几厘米到近2米不等。所有土壤都属于暗沃土土纲，其性质取决于黄土覆盖层的厚度及与下伏物质的接触。在坦迪利亚山脉和潘帕斯山间，沉积覆盖层较厚，主要土壤是黏淀湿润软土和石化钙积强发育湿润软土，还有一些弱发育湿润软土。与潘帕斯其他地区的黑土相比，这些来自潘帕斯南部的黑土有机质含量更高（土壤有机碳含量为3%～4%）。在文塔尼亚山麓，水分状况向干旱过渡，覆盖在硬岩上的沉积层较薄；主要土壤是石化钙积强发育半干润软土和弱发育半干润软土，还有一些钙积半干润软土。

　　相比之下，其他潘帕斯次区域的黑土比例较低。在沙质潘帕斯地区分布最广泛的黑土是弱发育半干润软土。它们由30～50厘米深的近期表层壤土沉积层组成，其中A-C或A-AC序列覆盖在发育于粉沙沉积物的古土壤的埋藏黏化层之上。潘帕斯低洼区具有湿润到过湿的水分状况，土壤特征是交换性钠过剩。大多数黑土以钠质潮湿土和钙质古潮湿土构成。圣菲的潘帕斯平坦区位于潘帕斯起伏区的北部，地形平坦至轻微起伏，坡度小于1%。这里的代表性土壤是典型黏淀湿润软土，具有深厚且黏土含量高的Bt层。在靠近巴拉那河的潘帕斯美索不达米亚地区西部，在覆盖湖相蒙脱石沉积物的黄土层中发育了典型黏淀湿润软土和变性黏淀湿润软土。潘帕斯的黑土原本富含有机质，具有非常高的天然化学肥力，自19世纪末至今一直未施肥耕作（Viglizzo等，2010；Durán等，2011）。主要农作物包括小麦、玉米、大豆、高粱、大麦和向日葵。在过去的30年中，只有大豆的种植面积稳步增加，而其他作物的种植面积相对稳定或略有减少。广泛的畜牧业生产也是湿润潘帕斯的另一项重要农业活动。直到20世纪90年代初，营养元素（尤其是磷）的急剧损耗才变得明显，化肥的使用开始在该地区普及。这种损耗不仅与作物对营养元素的吸收有关，还与土壤侵蚀有关。

　　膨胀黑土（变性土）。在阿根廷，膨胀黑土（变性土）分布在多个地区，但其在潘帕斯地区东部的美索不达米亚地区（包括美索不达米亚潘帕斯）和其他亚区域尤为重要。此外，膨胀黑土也可见于阿根廷查科和巴塔哥尼亚地区的部分区域，但由于其地理分布有限，本部分并未提及。有兴趣的读者可以参考Moretti等（2019）和Pereyra与Bouza（2019）的研究，以获取关于此类黑土的更多信息。

　　美索不达米亚地区是一片广阔的区域，由巴拉那河和乌拉圭河两大河流围绕。该地区的地貌特征：众多溪流切割了上新世至更新世的河流—湖泊沉积物，形成了轻微起伏的地形。气候属于湿润的亚热带气候，年降水量从南部的1 100毫米左右逐渐增加到北部的1 400毫米左右。水分状况为湿润，有时为过湿。植被类型包括开阔的稀树草原、林地草原和半干旱森林。在这样的地理环境中，变性土是主要的土壤类型，约占地300万公顷。

　　该地区变性土的母岩以及相关的变性淋溶土（Vertic Alfisols）和暗沃土由粉质黏土或黏壤土质地的沉积物组成，其黏土部分主要为蒙脱石，粗颗粒部分主要为石英，并且含有相当比例的碳酸钙、少量石膏以及铁锰氧化物的聚集体。与世界上大多数膨胀黑土不同，美索不达米亚地区的许多膨胀黑土呈现所谓的黏化Bt层，这是基于黏土含量的显著增加以及B层、尤其是在BC层或C层下部存在的黏土涂层（Cumba等，2005；Bedendo，2019）。其中许多膨胀黑土具有线性"黏土微地形（Gilgai）"。几乎所有变性土都属于单层黏化黑土（Hapluderts）大类。在大多数膨胀黑土中，A层具有粉质黏壤土质地，并且具有高的土壤有机碳含量（2%～3.5%）。而B层的质地为粉质黏土至黏土，深达70厘米，颜色极暗（润态为10YR2/1～10YR3/1），非常密实且排水不良。过渡层（BC层）始终在基质中含有一些细小的碳酸钙以及大量的钙结核（偶尔可以发现潜育特征和少量石膏晶体）。表土层的阳离子交换量约为35厘摩尔/千克，Bt层约为45厘摩尔/千克，且高度饱和。这些土壤主要被用于作物-牲畜混合生产，小部分被用于种植水稻。近年来，这些土壤主要被用于种植大豆。由于低渗透性、地形起伏和夏季暴雨，这些土壤易受侵蚀。如今，免耕和等高线耕作已被广泛用于缓解侵蚀问题。

在潘帕斯地区其他区域，变性土分布于布宜诺斯艾利斯省的东部的两种典型区域：潘帕斯起伏区和拉普拉塔河沿岸、低洼潘帕斯的沿海地区。

膨胀黑土在潘帕斯起伏区的东南部以适中的比例存在，它们发育在上更新世黄土沉积物中，这些沉积物具有粉质黏壤土质地，黏土部分大约含有50%的蒙脱石。该地区的单层黏化黑土（Hapluderts）与美索不达米亚地区的类似，也呈现淋溶性Btss层；表层的黏土含量约为35%，在Btss层中则达到55%～60%。在这一地区，底辟构造和黏土微地形表现得并不明显。有机碳含量在A层为2%～2.5%。阳离子交换量在A层约为24厘摩尔/千克，在B层约为37厘摩尔/千克。与美索不达米亚地区的土壤不同，这些变性土在Bt层的碳酸钙含量较低，且在剖面底部没有发现石膏。

在潘帕斯起伏区的北部，与巴拉那-拉普拉塔河流轴线紧邻的、一条宽约60千米宽的地带，一些变性土出现在地形高点和坡顶，与变性黏淀湿润软土伴生（Morrás和Moretti，2016）。这些变性土壤发育在含有中等到高比例蒙脱石的沉积物中，尽管在现场没有观察到黏土微地形，但它们具有底辟构造，这可能是该地区农业和城市活动强烈干预的结果。它们的A层呈棕黑色（7.5YR3/2），土壤有机碳含量约为2%，黏土含量为30%。而Btss层的黏土含量超过50%，尽管在45厘米深度处，土壤有机碳含量约为0.7%，但其比表层土壤更暗（7.5YR2/2）。由于它们在景观中与变性黏淀湿润软土紧密相关，因此这些变性土既被用于农业，也被用于城市发展。

拉普拉塔河沿岸平原是一条从布宜诺斯艾利斯市向南延伸约110千米的狭长地带，宽度在5 000～10 000米。这些沉积物属于中全新世的海侵沉积物。尽管这里也存在单层黏化黑土（Hapluderts），但这里的膨胀黑土大多属于钠质膨胀黑土（Natracuerts 等，2011）。在土体中，黏土含量在50%～70%，越接近土壤底部，黏土含量越低。表层土壤的颜色较深（有些情况下为10YR2/2，其他情况下为2.5Y3/2），土壤有机碳含量约为2%。在A层或Ag层，阳离子交换量和碱饱和度都很高，pH在8左右，并在Bssg层增加到9。

另外，在潘帕斯低洼区的最东部，膨胀黑土覆盖了一片极为平坦的广阔区域，从海岸线向内陆延伸约30千米。这些膨胀黑土发育于上更新世和全新世海侵期间沉积在平原上的泥质沉积物。它们从地表开始就非常黏重，具有高盐度和高碱度。这里的膨胀黑土包括钠质膨胀黑土（Natracuerts）和单层黏化黑土（Hapluderts）。土壤有机碳含量非常高，为2%～15%。A层黏土含量在40%～50%，而在Btss层则达到55%～65%。阳离子交换量和碱饱和度都很高，而Btss层的交换性钠含量在15%～25%。由于环境条件的限制，这些土壤仅被用于畜牧业生产。

火山黑土。 在阿根廷的安第斯－巴塔哥尼亚地区（Pereyra 和 Bouza，2019）发现了火山灰土（Andosols）。该地区是一个从南纬37°延伸到南纬54°的山脉带，位于阿根廷的西南部。平均海拔高度约为2 000米，山谷随安第斯山脉的结构呈南北走向。该地区沿途有与冰碛地貌相关的大型湖泊。气候寒冷湿润，空间变化性大。降水量从西部高海拔地区的约3 000毫米显著减少到东部山麓的约700毫米。植被为冷温带湿润森林，该植物区被称为亚南极植物地理区，以南青冈属（*Nothofagus*）为主，还包括智利南洋杉（*Araucaria araucana*）等其他树种。

地表沉积物的空间变化性很大，主要为滑坡沉积物、火山灰、火山凝灰岩、冰碛土、砾石和河流沙。火山灰土在冰川谷地、冰水冲积平原、低坡碎石堆和泥炭弧中非常见。这些土壤可以处于景观中的任何位置，也可以出现在任何海拔高度。它们的母岩是中酸性到酸性的火山灰或熔岩碎片，并混合有不同比例的滑坡物质和冰川物质。土壤温度状况为冷冻型，土壤水分状况为湿润型、干旱型、极度干旱型或过湿型。最常见的剖面是O-A-Bw-C或O-A-AC-C。表层矿物质层为松软层（Mollic）、火山灰暗黑层（Melanic）或暗色层（Umbric）；其颜色为10YR2/1～10YR2/2（干态），有机碳含量约为5%，pH约为5，质地为沙壤土，容重低于1克/厘米^3。它们的特征是含有大量的类蛋白石物质，且对磷酸盐的吸附能力较强。一般来说，这些土壤中可见处于初期的Bw层，土壤中含有类蛋白石和丰富的有机质，因此阳离子交换量较高。根据土壤分类学，最常见的火山灰土是弱发育干润火山灰土土类（Hapludands）和湿润玻璃质火山灰土土类（Udivitrands）。在地势较低且潮湿的区域，通常位于冰川谷底，火山灰土（Andisols）表现出水成性，富含有机质（内湿型火山灰土，Endoacuands）。阿根廷巴塔哥尼亚的火山灰土大部分分布在受保护的自然区域，只有一小部分被用于植树造林，种植外来树种。

亚热带地区的黑土。阿根廷查科地区是阿根廷中北部的一个大型沉积平原，呈现多样的气候和植被环境（Moretti 等，2019）。东部地区降水量最大，如巴拉那河和巴拉圭河周边地区的年降水量约为1 300毫米，逐渐减少至西南部边界地区的450毫米。年均气温从与潘帕斯地区边界的19℃上升到阿根廷北部边界的24℃。与潘帕斯草原不同，查科地区的植被以森林和稀树草原为主，在东部广阔的冲积平原和湿地上，草本植物群落也十分常见。尽管查科地区与潘帕斯地区的地表沉积物在成分、起源和分布上有所不同，但两者的地质情况却较为类似。总的来说，晚更新世黄土状沉积物覆盖了查科中西部地区的大片区域，而全新世河流淤泥和黏土沉积物在东部的冲积平原上广泛分布。关于查科地区土壤矿物学的有限信息显示，不同区域在土壤成分上有差异，这与不同来源的沉积物有关。因此，土壤的地球化学成分不同，相应地，土壤肥力也各异。在中部和西部地区，土壤的特点是磷、钾含量较高，这与潘帕斯丘陵和安第斯山脉的沉积物有关。相反，东部地区以巴拉那盆地沉积物为主，因此这些元素的含量较低。

黑土分布在3个独特的亚区域：山地查科区、旱生木本查科区和草原与稀树草原查科区。山地查科区涵盖了云加斯生态区，这是一个亚热带森林，主要位于阿根廷西北部的山脉，随着海拔的升高，该地区的气候变得更加湿润。这里的黑土主要形成于平缓的斜坡和东部山麓的低洼地带。在最湿润的地区，主要分布着黏淀湿润软土和弱发育湿润软土，而在亚湿润地区则以黏淀半干润软土（Argiustolls）和弱发育半干润软土为主。这些土壤的母岩质地多样，但大多是粉沙壤土，土壤有机碳含量在1.5%～2.5%，土壤深厚，在查科地区西部发育得最为完善。这些土壤主要被用于雨养农业，主要作物包括菜豆、大豆、玉米和小麦。在旱生木本查科区的最南端（接近潘帕斯地区），黑土分布于北部潘帕斯丘陵的东部山麓。这里的土壤母岩主要由河流和风成作用形成的壤土沉积物构成，主要的土壤类型是弱发育半干润软土。表土层的pH约为7，土壤有机碳含量约为1.8%，并且可溶性磷的含量相当高（40～60毫克/千克）。这些土壤被广泛用于各类雨养农业。至于草原与稀树草原查科区（也称为次子午线低地），则是一个极其平坦且植物种类单调的草本平原，南北延伸约300千米，东、西两侧被森林植被覆盖的高地环绕。这里的土壤气候类型为超热湿润型，大多数土壤表现出水成和盐成特征，随着中微地形的变化，可以观察到各种类型的咸性土壤、盐碱性土壤和碱性土壤（Morrás，2017）。大部分地区覆盖着具有高度盐化的Bt层的钠化草甸土（Natracuolls），其电导率（EC）在60厘米深度处约为12分西门子/米。其表土层主要由深度仅10厘米左右的A层组成，润态时颜色较暗（10YR 2/1），含有20%的黏土和2%～4%的有机碳；而Bt1层则更为深厚，颜色同样较暗（10YR 2/2），含有30%～40%的黏土和1%的有机碳。尽管底层的盐分含量较高，但由于A层和Bt层之间的质地和结构差异，形成了阻碍盐水上升的屏障，使得A层保持非咸性（电导率＜4分西门子/米）。然而，一旦这种屏障因传统耕作而被破坏，盐分会上升，表面会形成盐分结晶。鉴于这种显著的退化风险，这些黑土目前仅适用于放牧。

巴西

遗传群组与地理分布。在巴西，有三类土壤符合黑土的定义。第一类也是最主要的一类是热带黑土，其母岩来源于玄武岩、辉长岩、辉绿岩（Demateê、Vidal-Torrado和Sparovek，1992）或石灰岩（Pereira等，2013；Melo等，2017；Maranhão等，2020）。其主导气候为热带干旱型气候，水分中度缺乏或半干旱。土壤剖面通常出现在平坦到起伏较大的坡面、高地和背坡上，表层厚度可达65厘米，土壤剖面深度小于130厘米。这些土壤含有大量的钙和镁，质地主要为壤土到极黏质土。位于坡地最低部分时，由于存在膨胀性黏土（如蒙脱石），土壤在干燥时非常坚硬、在湿润时非常黏稠。在一些坡度平缓的地区，土壤排水不良（Demateê、Vidal-Torrado和Sparovek，1992；Pereira等，2013；Melo等，2017；Maranhão等，2020）。

第二类是中纬度黑土，它们在景观中代表一种遗迹，根据Behling（2002）的说法，这些土壤形成于中全新世时期更冷更干燥的条件下。如今，该地区的气候温暖湿润。母岩主要是玄武岩和辉绿岩，还有粉砂岩和泥质岩。这些土壤通常较浅，表层厚度为60厘米，土壤剖面深度小于100厘米。其钙和镁含量较高，质地主要为壤土到极黏质土。在排水不良且含有膨胀性黏土的情况下，土壤在干燥时非常坚硬，在湿润时非常黏稠（Almeida，2017）。

第三类是人为黑土，以亚马孙黑土（ADEs）为代表，在当地也被称为"印第安黑土"。关于亚马孙黑土的成因，基于土壤学和考古学证据，目前最为广泛接受的假说是，这类土壤是前哥伦布时期，由美洲印第安人在亚马孙盆地无意中形成的（Kern和Kampf，1989；Schmidt等，2014；Kern等，2019）。人为活动形成的A层（人为表层）厚度可达200厘米，颜色从极暗到黑色不等，而亚表层则呈黄色或红色，在剖面上形成了明显分化。根据定义，人为层的显著特点是肥力高，与邻近的土壤相比，具有较高的磷、钙和镁含量，以及稳定的有机质（通常为木炭），此外还存在文物。总体而言，这些土壤排水良好，质地从沙质到极度黏重不等，其中人为表层（质地以壤质沙土、沙质壤土和黏质土为主）与亚表层（质地以黏质沙土和黏质土为主）之间有明显的区别（Campos等，2011）。

在巴西，热带黑土地区通常是热点地区，形成于特定的土壤条件下，分布范围较小。许多地方的植被被称为"干燥森林"，其中包括热带落叶林，这类林木树冠高大，林下植被丰富，有着卡廷加群落（位于干旱半干旱气候下的高大落叶林和半落叶林）和塞拉多生态系统（由开阔草地、灌木丛、开阔林地和郁闭林地组成的混合植被）。在中纬度黑土中，存在一种独特的草原景观，这种地形从平原到轻微起伏，被称为"坎普（*campos*）"或"普拉达里亚斯（*pradarias*）"（Overbeck 等，2007）。植被以草原为主，包括平原及稀疏灌木丛，偶尔在草丛中还能看到一些小树（Cabrera 和 Willink，1980）。在其他地区，树木形成河岸森林和灌木林（Overbeck 等，2006）。人为黑土以不连续的斑块出现，大小不一，从不到 1 公顷到 10 公顷，通常靠近水道和洪泛平原，位于相邻的较高地形 [陆地菲尔梅森林（Terra Firme）] 上。其分布位置与不同环境（陆地和河流）中的食物和其他资源的可用性有关，并且其地形位置便于控制进出通路，并能提供较好的防御视野（German，2003）。

土地利用与管理。 在巴西，热带黑土的土地利用和管理受到干旱气候、陡峭坡度以及浅层土壤中岩石的影响，这些因素限制了集约化农业的发展。然而，在小型农场中，这些土壤是重要的资产，被用来种植一年生作物、园艺作物或作为天然牧场。在"坎普或潘帕斯"地区，自 17 世纪以来，中纬度黑土的原生草原一直被用于畜牧业（如放牧肉牛和奶牛、绵羊）（Overbeck 等，2005）。近年来，像玉米、水稻和大豆这样的一年生作物种植以及管理良好的外来物种牧场，正在取代传统的农业系统（Pillar、Tornquist 和 Bayer，2012；Roesch 等，2009；Almeida，2017）。在原生草场上过度放牧是土壤管理的一大威胁（Overbeck 等，2007）。Andrade 等（2015）发现，大量的原生草原已经消失，其主要原因是草原被转变为可耕地（主要是大豆）或树木种植园。在一些地区，原生草原几乎完全转变为农田，而剩余草原中的相当大一部分，尽管在地图上被标记为保护区，却因引入外来牧草品种而退化。这些品种在某些地区被有意播种，而在其他地区则通过不同的传播方式被自然扩散。

在整个亚马孙地区，人为黑土主要被用于小型农场的农作物种植，这些农场的管理依赖土壤的高自然肥力。在一些地方，表层土壤被挖掘并作为盆栽植物的基质出售，这不仅对农民构成了威胁，也造成了文化遗产的损失。

生态系统服务。 热带黑土区因其美丽丰富的景观和宝贵的地下水资源而闻名。自美洲人类文明诞生以来，一些喀斯特地区就为人类提供庇护所和食物来源，这一点通过洞穴壁画和考古遗迹得到了证实。这些土壤除了具有科学、文化、旅游和环境价值外，其高肥力还使得许多作物和动物饲料十分高产，因此对小农户而言非常重要。在中纬度黑土区域，畜牧业的饲料生产曾占据主导地位。然而到了 20 世纪末和 21 世纪初，这些地区的土地用途发生了变化，转为种植夏季集约化农作物，包括玉米、小麦以及在规模较小的农场中种植的水稻（Pillar 等，2012；Roesch 等，2009；Almeida，2017）。亚马孙黑土区则被广泛用于粮食生产，特别是在所谓的自给农业中，该区域种植的作物包括木薯、玉米、豆类、蔬菜、可可、咖啡、果树和牧草，主要在小型和中型农场种植（Santos等，2013；Cunha，2017；Santos等，2018a）。

在热带和中纬度黑土保护区，自然覆盖有利于水分的渗透和保持，水文流动则受到地下基岩或浅层土壤剖面的限制。"坎普"草原生态系统确保了地表水和地下水资源的保护，并提供了具有巨大旅游潜力的景观服务。与水道相关的亚马孙黑土，在许多情况下支持河岸森林的生长，它们在维持和保护水资源方面发挥着重要作用。其较高水分保持能力和较优的土壤物理性质确保了土壤剖面内水分的适当流动和储存。

巴西的黑土分布在面积较小的区域，但涉及不同的生物群落，如亚马孙、塞拉多和卡汀珈。即使在南部地区最不为人所知的"坎普"草原环境中，中纬度黑土中也有极大的生物多样性，约有2 200种植物物种，至少有9种草原物种是特有种（Overbeck等，2007）。在亚马孙黑土区，Lins等（2015）发现了外来物种和本地物种的痕迹，这是前哥伦布时期人类居住的证据。除了有机碳的积累，半干旱地区的热带黑土还含有大量无机碳，主要以碳酸盐的形式存在。研究表明，在这些地区采用豆类作物轮作与免耕相结合的体系，可能会减少因转为农用而产生的温室气体（Pillar、Tornquist和Bayer，2012）。在"坎普"环境中，Conceição等（2007）观察到在最低放牧压力管理条件下，碳储量（0～40厘米深度）有所增加，高放牧压力下的碳储量为103吨/公顷，低放牧压力下为140吨/公顷。与相邻无人类活动层的土壤相比，亚马孙黑土平均稳定有机物含量高5倍，是一个巨大的土壤有机碳库。研究表明，作物系统中温室气体排放的演变存在差异。Cunha等（2018）发现，森林环境的排放值为1.91微摩尔/（米²·秒），鸽豆2.29微摩尔/（米²·秒），牧场为2.26微摩尔/（米²·秒），这表明森林环境的碳排放量低于耕作环境。Campos等（2016）在同一地区研究二氧化碳的排放时发现，在种植可可的亚马孙黑土区，排放值为5.49微摩尔/（米²·秒），而在种植咖啡时，二氧化碳排放值为3.99微摩尔/（米²·秒）。

碳储量与稳定性。热带黑土的碳含量为4.9～111.7克/千克（Dematê、Vidal-Torrado和Sparovek，1992；Pereira等，2013；Melo等，2017；Maranhão等，2020）。表层土壤的碳储量为72.8～188.5吨/公顷，而整个土壤剖面的碳储量则为72.8～422.9吨/公顷。中纬度黑土的碳含量为7.6～50.4克/千克（Pinto和Kämpf，1996；Almeida，2017）。表层的碳储量为59.9～269.5吨/公顷，整个土壤剖面的碳储量则为112.7～278.1吨/公顷。关于稳定性，自然条件下的高度团聚性是一个积极因素，对两类黑土而言都是如此，尤其是在草原环境中，但当进行集约化耕作时，这种稳定性会显著改变。亚马孙黑土在人为表层的碳含量为0.9 ～ 98.9克/千克。在巴西的代表性土壤剖面中，表层土壤的固碳量为26.1 ～ 348.1吨/公顷（Cordeiro，2020）。

主要威胁和退化过程。在热带黑土中，盐碱化及半干旱气候条件下的养分流失是主要的威胁。另一个威胁是土壤侵蚀，这主要是由地处较高坡度以及短时间内集中的高强度降雨造成的。对于中纬度黑土而言，过度放牧、侵蚀和外来物种（草、灌木或树木）的入侵是最重要的威胁。当这些土壤被用于集约化耕作时，土壤压实和封闭现象有所增加（Overbeck等，2007；Roesch等，2009；Andrade等，2015；Modernel等，2016）。根据Silveira等（2017）的研究，在"坎普"（潘帕斯生物群落）地区，夏季农田的耕作面积在15年内增加了57%，由于排水（除了稻田外）的影响，有机物质加速分解，从而造成了土壤有机碳减少。亚马孙黑土也经历了变化，自然森林被农业系统取代（Aquino等，2014）。短期内，在小规模农场中，这些变化尚未严重影响土壤肥力（Oliveira等，2015a；2015b；Santos等，2018b）。然而，可以预见的是，烧荒清理、过度放牧和不补充土壤养分等做法，必然会导致土壤酸化、侵蚀、压实以及土壤生物多样性和文化遗产的丧失。

在热带和中纬度黑土中，膨胀性黏土（如蒙脱石）的存在限制了机械化操作，并影响了水分的渗透性和入渗率。畜牧业系统压力的增加导致过度放牧，从而降低了原生草地的潜力。在这些土地上建立作物系统时，并没有适当评估其潜力和局限性。农业活动范围不断向亚马孙森林地区扩张，对亚马孙黑土构成了主要威胁，尤其是在被称为"森林砍伐弧"的地区，这是一个从马拉尼昂州延伸到朗多尼亚州的塞拉多—亚马孙生态交错带（Cohen等，2007），该地区大规模发展林业种植、农业、牧场和非木材产品开采。黑土退化的状况仍需进一步评估，需要开展更多的相关研究。研究应重点关注集约机械化和土地覆盖变化后土壤有机碳的损失和水土流失，以及外来物种竞争所导致的生物多样性丧失。关于亚马孙黑土的研究较少，且结果相互矛盾。一些研究表明，农业用途（牧场、香蕉、森林、豆类、可可和咖啡）在深达20厘米的土层中对土壤的物理属性（密度、孔隙度、大孔和小孔）产生了负面影响。然而，Cunha等（2017）的研究表明，在亚马孙黑土上种植鸽豆或种植林木可改善土壤的物理质量，增加土壤有机碳含量及碳储量，并增强了大于2毫米的团聚体的主导地位。中纬度黑土在巴西的文化和经济史中发挥了核心作用。南美潘帕斯（高乔人，Gaúchos）形成了一种以畜牧业为基础的强势传统，将畜牧业与水稻、大豆、玉米和小麦轮作相结合，这在他们现在的习俗和日常实践中仍然有所体现。在过去的几十年里，大型农场已经成为主导，并对农作物生产进行了大量投资。评估和划分适宜放牧、种植、森林和保护的区域，有助于保护土壤，并提供生态替代方案，如发展旅游业等（Roesch

等，2009）。亚马孙黑土具有鲜明的文化特征及独特的人类学价值，被视为国家遗产，根据国家历史与艺术遗产研究所（IPHAN）的相关规定，应予以保护。这些高肥力的土壤对于亚马孙原住民和卡布克罗人（Caboclos）至关重要，他们在小地块和家庭农场中生产了丰富多样的食物。多年来，亚马孙地区农业和畜牧业的扩张改变了景观和植被覆盖，促使亚马孙黑土和邻近土壤发生变化。因此，为了减缓亚马孙黑土的退化，一种有效的方式是加强针对这些地区的测绘工作，并将其用途限制在家庭农场和传统社区，同时推进可持续农业实践。

智利

土壤成因和性质的独特性。智利南巴塔哥尼亚的绝大多数土壤都源于冰川，这些土壤是由第四纪末期大量冰川消退及随后海水通过通道进入而形成的。这种现象改变了地貌，创造了被称为"Vegas（低湿平原）"或湿地草甸的起伏区域。与这些湿地相关的土壤类型有很大的变异性，可以发现有机土（Histosol）、冲积土（Fluvisol）、潜育土（Gleysol）、疏松岩性土（Regosols）、盐土（Solonchak）、碱土（Solonetz）和变性土（Vertisol）等（Filipova等，2010）。这些类型的土壤绝大多数含有大量的土壤有机碳，但它们在pH（与是否存在碳酸盐有关）和电导率方面有所不同。与湿地相关的矿质土壤表层质地较粗，然而，随着深度的增加，土壤质地变得更细，直至达到半不透水层，这种质地赋予了土壤储存和传导大量水分的能力。这些土壤结构并不发达，结构与表层土壤中大量细小或粗大的根系有关。土壤颜色从黑色、深灰色到深棕色不等，主要存在于表层。然而，颜色则高度依赖与这些土壤相关的大量有机物质的矿化速率（Filipova等，2010；Valle等，2015）。

覆盖与地理分布规律。这些湿地草甸在智利巴塔哥尼亚全境的地理分布广泛，覆盖了以下区域：艾森省约有2 600公顷的草甸，科伊艾克省有8 500公顷，卡皮坦·普拉特省有3 800公顷，艾森地区的卡雷拉将军省有1 700公顷（智利国家林业公司，2006）。在麦哲伦地区，根据智利农业和畜牧服务局的数据，火地岛省的湿地面积为81 500公顷，麦哲伦省为105 700公顷，乌尔蒂马·埃斯佩兰萨省（Ultima Esperanza）为51 800公顷，总计占该地区面积的6.9%（智利农业和畜牧服务局，2003，2004a，2004b）。

土地利用与管理。此处介绍的湿地与麦哲伦地区的畜牧业生产相关。畜牧活动始于19世纪下半叶，当时智利大量赠予土地，私企也大量投资。（Strauch和Lira，2012）。在麦哲伦地区，羊群养殖面积超过56公顷，养牛数量约为141 759头（智利国家统计局，2007）。畜牧业的特点在于其广泛性和持续性。这意味着需要大量的土地来饲养少量的动物，平均载畜率是每公顷1只羊。

生态系统服务

- 食品、饲料和纤维生产，这些土壤主要用于维持牧草生长、饲养牛羊。
- 水分调节，这类生态系统由于积累了大量的水分，能够满足蒸发需求（velic-Sáez等，2021）。
- 保护生物多样性。
- 减缓与适应气候变化。

碳储量与稳定性。我们在此总结了Filipova（2011）和Valle等（2015）发布的数据（表2-8）。

表2-8　不同类型土壤的碳储量

土壤类型（WRB）	本地名	通用横墨卡托格网系统	深度（厘米）	碳储量（吨/公顷）
简育冲积土	Cabeza de Mar 1	19F0071016；4160004	27	353
副湿润型土	Campo El Monte-1	19F0067913；4162976	31	167
简育黏土	El Álamo	19F0515511；4066613	53	108
腐殖质冲积土	Quinta Esperanza	19F0401676；4147744	40	395
简育变性土	Cerro Castillo		100	399
潜育碱土	Laguna Blanca-1	19F0353128；4202000	41	89
石膏质盐土	Laguna Blanca-2	19F0352595；4204986	38	104
有机冲积土	Domaike-2	19F0352157；4173300	20	239
有机冲积土	Estancia Springhill	19F0477297；4165874	64	149
石灰性-腐殖质冲积土	Parque-Josefina	19F0370477；4165476	90	963
落叶潜育土	Entrevientos	19F350365S；4170106	90	272

资料来源：Filipová, L., 2011。智利巴塔哥尼亚南部草甸湿地（Vegas）的土壤与植被。奥洛穆茨：奥洛穆茨大学科学学院。Valle, S., Radic, S., Casanova, M., 2015。巴塔哥尼亚南部三大重要放牧植物群落相关土壤。Agrosur, 43 (2)：89-99。

主要威胁和退化过程。在巴塔哥尼亚，湿地草甸因过度放牧而发生退化，具体表现为踩踏造成的严重压实、植物多样性减少以及外来物种的入侵。过度放牧改变了植被群落的结构，使得某些指示性物种占据优势，例如盐碱湿地上的箭叶金凤花（*Caltha sagitata*）和三裂火绒草（*Azorella trifurcata*）。（Díaz Barradas等，2001）。这一点可以通过饲养羊群之前的低湿平原研究得到证实，研究指出，这两种植物的分布相对较少（Dusén，1905）。金凤花属植物和火绒草属植物具有葡匐生长特性及其他类型的营养生长特性，并拥有硬质叶片及根状茎，这使其能够更好地与其他更高大的物种竞争光照，因而可以在放牧条件下生存，但对持续放牧的耐受性并不强（Díaz Barradas等，2001）。在石油开采区，土壤面临被碳氢化合物污染的威胁（Collantes和Faggi，1999）。在火地岛，羊群的过度放牧和踩踏以及巴塔哥尼亚草原上的强风作用是造成湿地土壤退化的主要因素（Iturraspe和Urciuolo，2000）。此外，在许多情况下，排水会导致深层裂缝的形成，这些裂缝使得原本用于放牧的围栏失去了功能。没有了羊群的干扰，一些竞争力较强的草种便得以生长（Filipova，2011）。这类土壤逐渐退化，自2007年以来，已导致动物数量减少了16%（智利国家统计局，2014）。

哥伦比亚

高原黑土。 尽管母岩材料在土壤形成过程中被认为是一个被动因素，但它在沼泽土的形成和演变过程中却扮演了非常重要的角色。在科迪勒拉中西部地区以及科迪勒拉东部的某些地区，土壤是由火山灰风化形成的。在海拔超过3 800米的最高处，火山玻璃没有发生改变（玻璃质暗色土），而在3 200～3 800米处，土壤则更为分化（铝质和硅质暗色土，部分为潜育性）。在定义这些特征时，低温和相对年轻的土壤起着至关重要的作用（Morales等，2007）。在东科迪勒拉（苏马帕斯地区），部分钙质和无灰岩上有薄层土和淋溶土以及有机骨架土，局部地区还有富含大量有机质的土壤（有机土）。在海拔3 800米以上的地方，低温是主导因素，土壤中存在冻土。在圣玛尔塔内华达山脉，3 800～4 100米的火成岩上存在潜育土。当气候非常湿润时，高原湿地的洼地中会形成有机质含量极高的泥炭土，部分土壤类型（如腐殖质、半腐殖质和纤维质组织土）与沼泽或泥炭地植被类型相关（Morales等，2007）。

以下两个主要因素决定了土壤类型和特性：①气候；②第四纪火山喷发产生的均匀火山灰层的存在（Winckell、Zebrowski和Delaune，1991）。寒冷湿润的气候和低气压有利于土壤中有机质的积累。这种积累还通过形成抗微生物分解的有机金属复合物而进一步增强（Nanzyo、Dahlgren和Shoji，1993）。由此产生的土壤呈深色、富含腐殖质，结构松散且多孔。

在自然植被下，土壤有机碳含量较高的原因是植被为土壤表面提供了更好的保护（Castañeda-Martin和Montes-Pulido，2017）。例如，在植被密集覆盖的地区，苔藓植物和灌木等能够隔离降水和直接太阳辐射等因素，导致有机物分解较少，因此土壤中可能含有更多的有机碳。此外，这些植物特有的较高根系密度也会导致土壤有机碳含量较高。而在植被覆盖较为稀疏（如菊科和禾本科的天然草类以及蕨类植物）的地区，向土壤提供的地下生物量可能较少，从而促进了有机质的分解（Zimmermann等，2010）。

长期以来，沼泽生态系统与其所在地域的居民之间存在着密切的互动关系，但这种关系在当代已经发生了剧烈变化（Cárdenas，2013；Sarmiento和

Frolich, 2002)。在前哥伦布时期的古代文化中, 沼泽地被视为神圣之地, 人们认为这里是祖先安息的地方, 因此仅用其举行宗教仪式和向神明献祭。然而, 在征服和殖民时期, 牛等新动物物种的引入改变了沼泽地的生态平衡, 特别是在气候条件较优越的低地地区。由于当地社区土地稀缺、人口激增以及土地所有权的不公, 人们开始向山区的山坡地带迁移, 逐渐发掘了沼泽地的农业潜力 (Hofstede, 1995; Hofstede, 2001)。此外, 松树种植园的扩张、气候变化日益显著的影响, 以及当地人与武装团体的冲突, 也对这一地区产生了深远影响 (Cárdenas, 2013)。沼泽地的新鲜草本植物为放牧提供了理想的场所 (Hofstede, 1995)。为了促进嫩草的生长, 人们常常在放牧前焚烧包括耐旱灌木在内的本地植被。这种放牧与定期焚烧植被相结合的做法, 已经成为一种普遍的管理方式, 其目的是促进嫩草的生长, 以用作牲畜饲料 (Hofstede 和 Rossenaar, 1995)。同时, 那些土层深厚的黑土区则被用于种植马铃薯和豆类 (Horn 和 Kappelle, 2009)。

在天然的沼泽地山坡上, 火山灰土很少发生地表水侵蚀, 但当自然植被地区被转变为农业用地或者转变为会发生踩踏的牧场时, 这种情况就会发生改变, 这主要是由密集的机械化耕作引起的 (Dörner 等, 2016)。Cuervo-Barahona、Cely-Reyes 和 Moreno-Pérez (2016) 发现, 在哥伦比亚博亚卡的科塔德拉 (Cortadera) 沼泽地, 相比于种植马铃薯 (*Solanum tuberosum*)、燕麦 (*Avena sativa*) 和铺地狼尾草 (*Pennisetum clandestinum*) 等覆盖作物的土壤, 生长原生植被的土壤有机碳含量更高, 这可能是因为沼泽地土壤的恢复力较差, 一旦遭受种植和放牧活动的影响, 往往会通过氧化作用向大气中释放一部分碳。同样, 在为人类活动而种植的覆盖物中, 草地区域的碳含量最低, 这可能是因为这种活动对沼泽地的结构和功能有着深远的影响。在上述地区, 牛群的踩踏会导致土壤压实从而削弱土壤保持水分和碳的物理、化学和生物特性 (FAO, 2002)。

土地利用变化的速度已在多个地点被进行了量化。Van der Hammen 等 (2002) 对哥伦比亚昆迪纳马卡绿湖 (Laguna Verde) 高山湿地的土地利用变化进行了量化研究。1970—1990 年, 该地区的耕地面积增加了 106%, 草地面积增加了 164%, 而高海拔森林面积减少了 32%。根据估算结果, 就哥伦比亚全国范围而言, 高山湿地的耕地面积增加了 24.9% (Hincapié 等, 2002)。邻近地区的土地利用变化也可能影响沼泽地的气候。研究认为, 山麓云雾林中的云层形成有助于维持高山地区的大气湿度 (Foster, 2001)。20 世纪, 安第斯山脉的大规模森林砍伐可能已经改变了高山湿地的气候 (Buytaert 等, 2006b)。

烧荒、集约放牧、耕作以及用更具营养的草种替代天然草种等做法已经显著影响了沼泽地区的水分平衡 (Sarmiento 和 Frolich, 2002)。畜牧业和耕作活动会产生土壤压实和结皮等一系列影响，会进一步改变沼泽地的渗透率、水分储存和调节能力，严重损害了其供水功能。一些科学家还指出，人类活动加剧了沼泽地的土壤侵蚀，这与沼泽地的土壤特性有关（Poulenard等，2001）。这些土地管理变化影响了沼泽地的水动力特性（Buytaert等，2006a）、植物区系组成、植被结构（Morales等，2007）、土壤形态演变（Poulenard等，2001）及土壤中的碳储量（Zúñiga-Escobar等，2013），但目前鲜有研究对此进行量化分析。

目前，几乎所有沼泽地，甚至包括一些国家自然保护区，都在扩大马铃薯、豌豆和菜豆的种植面积以及畜牧业的规模。已有大量研究探讨了这些活动对植被、生物多样性、土壤和水分的影响（Van der Hammen等，2002）。在农业方面，主要表现为马铃薯种植正向海拔越来越高的地区扩展，种植高度接近海拔4 000米（Morales等，2007）。部分原因与轮作作物有关，原本这些作物在收获后可以休耕长达20年，但现在，随着农业化学品的使用，这一周期已大大缩短，无法让植被得到充分的再生（Morales等，2007）。此外，外来草种的种植范围也在扩大，逐渐将有植被的沼泽地转变为牧场。脆弱植物日益减少，这些植物需要50～100年的时间才能再次长到几米高。如今，沼泽地被马铃薯种植户占据。他们通过购买或租赁的方式获取大片土地，并动用重型机械将原有的自然植被彻底铲除。农业活动向更高海拔地区扩展的现象与培育出更耐霜冻的马铃薯品种以及全球气温上升的趋势密切相关（Morales等，2007）。

人为黑土。亚马孙黑土是亚马孙地区居民在2 000～500年前创造的人为土壤（Neves等，2004），人们可以通过其化学特性以及肉眼可见的其他特征（如深暗的颜色和深厚的A层[①]，以及大多数情况下存在的古代人类活动留下的陶片、石器和木炭碎片），轻易地将这类土壤与自然土壤区分开（Kämpf等，2003）。因此，亚马孙黑土被归类为炭黑人为土或人为土壤（Peña-Venegas等，2016）。这些土壤的结构类似于有机土，有机土可以通过氧气水平的变化，自然形成于富含有机质的地区，或通过人为活动而形成（Teixeira和Martins，2003）。亚马孙黑土呈黑色至深灰褐色，富含有效磷，含有不等量的钙和镁，其中还存在陶器碎片。关于亚马孙黑土的研究，大部分属于人类学范畴，而针对其成因的研究十分匮乏（Woods和Mann，2000）。

亚马孙盆地约70%的地区由高酸性、高度风化的自然土壤组成，这些土壤中最重要的植物养分的可用性较差（Richter和Babbar，1991）。然而，该

---

① 深厚的A层是指土壤剖面中的表土层（A Horizon），通常位于土壤表面以下的一段区域，具有较高的有机质含量。A层是植物根系最活跃的部分，通常含有丰富的腐殖质，对植物生长至关重要。

地区也存在一些特性完全不同的人为土壤，即亚马孙黑土。与自然土壤相比，亚马孙黑土通常酸性较低，具有更高的阳离子交换量和碱饱和度（Glaser等，2001）。亚马孙黑土还含有更多的氮、钙、有效磷（Lima等，2002）和有机质。较高的有机质含量使得亚马孙黑土比自然土壤具有更好的保水能力和更低的养分流失率（Glaser和Birk，2012）。在哥伦比亚亚马孙地区，已在卡克塔河沿岸（Mora，2003）以及亚马孙河的一些小型支流沿岸（Morcote-Ríos和Sicard，2012）发现亚马孙黑土。哥伦比亚亚马孙盆地的大多数土著居民都已对自然土壤和亚马孙黑土加以利用。大多数有关亚马孙黑土的研究都在卡克塔河中部地区开展，其研究报告显示土著居民认为亚马孙黑土是最适宜发展农业的土壤（Galán，2003）。

亚马孙地区人为土的特性使得一些专家推测，这些土壤可能是1 000多年前由亚马孙土著人刻意制造的，以维持其生存所需的集约化作物种植。现在，这些土壤上长期种植着木薯（*Manihot esculenta*）、玉米（*Zea mays*）、桃果椰（*Bactris gasipaes*）和单杆鳞果棕（*Mauritia flexuosa*）（Peña-Venegas和Vanegas-Cardona，2010）。

2.5.5　太平洋地区

在太平洋地区，黑土主要有三种类型。第一类是膨胀黑土（变性土），主要分布在澳大利亚，这类土壤约占其国土面积的15%。值得注意的是，澳大利亚的变性土并非都是黑色：国家土壤分类系统还指出存在灰色、棕色、红色和黄色的土壤亚类（Isbell，1991）。然而，黑色是最普遍的颜色。这些土壤被广泛用于农业生产，既被用于生产谷物作物、热带作物，也被用于种植棉花。它们富含养分，保水能力强，因此具有很大的潜力。然而，其自身物理性质，如膨胀和收缩以及在干燥状态下的强烈压实限制了其用途。火山黑土在新西兰特别普遍，在大洋洲的火山岛屿上也很常见。大洋洲最大的岛屿巴布亚新几内亚也有一些山坡上分布着火山黑土（Neall，2009）。尽管磷的高保留性限制了土壤的生产力，但此类土壤仍然在农业中被密集使用。在大洋洲的许多小岛上，富含碳酸钙的珊瑚礁上形成了类似黑色石灰土的黑色土壤。虽然这些土壤大多较浅，但依然被用于种植芋头和山药。遗憾的是，这些土壤的耕作会导致有机物质的矿化，而且还向大气中排放温室气体。

2.5.6　近东和北非地区

在近东和北非（NENA）地区，几乎到处都是干旱和半干旱的气候，因此黑土罕见。然而，处在地中海气候中的部分地区可能会形成深色土壤，主要是在石灰岩基质上。根据记录，叙利亚则是近东和北非地区有黑土分布的国家之一（粮农组织政府间土壤技术小组，2015）。

叙利亚

黑土在半干旱环境中具有稀有性，在地中海地区尤为重要（Tarzi 和 Paeth，1975）。Reifenberg 在 1947 年提出，这些黑土的不成熟特性可能源自软石灰石，因为软石灰石的风化和侵蚀产物对其形成有重要影响。Durand 和 Dutil 在 1971 年的研究中强调了软石灰石和硬石灰石的质地对于土壤发育的双重作用。Tarzi 和 Paeth 在 1975 年的研究中指出，白色伦钦纳土壤源自软质中新世和上新世石灰石，且主要分布在黎巴嫩山脉和前黎巴嫩山脉的山麓地带，这些土壤通常富含可利用磷（P）和碳酸钙（Sayegh 和 Salib，1969）。叙利亚的土壤特征由 Ilaiwi 在 2001 年进行了详细测定分析。母岩和地形是塑造土壤特性（如颜色和深度）的两大关键因素。母岩的影响主要体现在不同有机土壤的形成上，例如在石灰石、白垩岩、砂岩、砾岩和泥岩上发育的伦钦纳土壤，以及在白云石和硬石灰石上形成的红褐色伦钦纳土壤，还有在蛇纹岩上形成的灰褐色伦钦纳土壤。钙质黑钙土则常见于钙质泥灰岩和湖泊沉积物之上。地形对土壤深度的影响同样明显，例如在山脚坡和山麓坡上出现的石灰黑土，山脊上的黑色石灰薄层土，以及在平坦平原上发育的深黑钙土。

在沿海平原和阿尔加布（Al Ghab）平原的某些地区，年降水量为 600 毫米，土壤水分和热量状况属于干旱型，土壤具有高有机碳含量和高碳酸盐含量（石灰黑土）。这些土壤由石灰性薄层土（Calcaric Leptosols）通过腐殖化作用发育而来。在山脊和斜坡上，黑钙土层较浅（被侵蚀），逐渐形成了石灰性薄层土。这种土壤相对不成熟、不深，具有一个独特的诊断性黑钙表土层，深度为 5 ~ 30 厘米。土壤对稀盐酸有强烈反应，表明了土壤中含有较高的碳酸钙。

在阿尔加布平原，黑土与地中海东岸的大非洲断层延伸有关。在近期人工排水之前，该区域大部分地区每年都会被洪水淹没；平原积水会持续两个月（1—2 月）。这些土壤发育自泥灰岩、淡水有机质、湖泊沉积物中的木质砾石和其他湖泊沉积物 [如阿尔加布（El Ghab）、阿穆克（Amuq）]，泥灰岩、湖泊沉积物中的淡水有机质以及玄武岩 [如霍姆斯（Hola Homs）、加利利（Hola Galilea）] 上。这些土壤的复杂性主要源于以下几个因素：它们可能具有钙质土层（Mollic horizon），并且在表层下方可能有钙质层（Cambic horizon）或者在土壤表层 1.5 米以内存在钙质层。

这些土壤并没有特别的用途，其作用与其他土地大致相同。在沿海平原，这些土壤主要被用于种植柑橘树和保护性作物；而在阿尔加布平原，则被用于种植大田作物，如小麦、棉花、甜菜和烟草。得益于充足的水资源，部分土地还将农业种植与发展渔业相结合。

叙利亚土壤因耕作方式不当和缺乏健全的保护法规而面临退化和枯竭，

造成这一现象的主要因素包括：过度灌溉导致土壤盐碱化，直接使用未经处理的污水灌溉造成土地污染，种植消耗性农作物且未采取合理的农业轮作措施导致土壤肥力下降，错误农业实践导致有机质迅速分解（在过去的50年中，土壤有机质平均含量从10%下降到不足2%），以及因人口增长和缺乏城市规划而进行城市扩张造成专用土地被侵占（粮农组织政府间土壤技术小组，2015）。

2.5.7 北美洲

加拿大

加拿大的黑土在冷温带干旱气候条件下发育形成。根据加拿大的土壤分类系统，这类土壤被称为有机质黑钙土（Ortic Black Chernozems），类似于美国土壤分类中的湿润黑土（Udic Haplocryolls）以及《世界土壤资源参比基础》中的普通黑钙土。黑钙土区域的草类更加高大，也更加茂密，因此，能够产生更高的生物量、积累更多的有机质，其有机质含量为5%～6%，有时甚至高达8.5%，相当于210.2兆克/公顷（以C计，余同）。碳的稳定同位素为$-25.3\delta^{13}C$（‰），其中约90%为C_3植物、10%为C_4植物。C_3植物包括针冰草（$\delta^{13}C$为-25‰）、无芒隐子草（$\delta^{13}C$为-28‰）、糙隐子草（$\delta^{13}C$为-28‰）、绿针茅（$\delta^{13}C$为-27‰）（Waller和Lewis，1979年），蒿属植物（$\delta^{13}C$为-28‰）（Bender，1971），美洲山杨（$\delta^{13}C$为-27.2‰）、岸松（$\delta^{13}C$为-26.6‰）、针叶蔷薇（$\delta^{13}C$为-27.9‰）、野草莓（$\delta^{13}C$为-31.7‰）（Brooks等，1997），C_4植物包括细弱野牛草（$\delta^{13}C$为-13‰）等。在120厘米深度内，有机碳的平均含量约为14.88克/米^3。颜色10YR，彩度小于1.5，明度则小于3.5。较低的温度导致残留物分解缓慢，并且有可能从土壤系统中淋溶出有机物质。加拿大的草原地区，包括广阔的加拿大大草原，都以黑钙土为主。该地区的土壤含有碳酸盐，尤其是其积累了大量的次生碳酸盐。黑钙土Ah层土壤酸碱性从中性到微酸性不等。黑钙土发育自从粗沙到细质粉沙和黏壤土的母岩上，可溶性盐含量较高，包含大量海相页岩的母岩，通常钠含量较高。主要的可溶性阳离子为Ca^{2+}和Mg^{2+}，Mg^{2+}含量随土壤深度的增加而逐渐增加；可溶性阴离子为SO_4^{2-}和HCO_3^-。基于大草原的冰消历史我们发现，自冰消期以来，土壤不断形成，距今已有12 000年（Landi等，2003a，2003b，2004）。表2-9中介绍了加拿大黑土的典型剖面。

由表2-9可知，尽管表层土壤A层的厚度并不完全符合土壤分类系统和《世界土壤资源参比基础》中黑钙土的标准，但在加拿大，这些土壤因其卓越的生产潜力而得到了广泛认可，因此也被归类为黑土。

全球黑土分布图展示了加拿大黑钙土的分布情况（FAO，2022）。依据土壤有机质含量和降水量情况，可以清晰地看到从北至南降水量和土壤有机质含

表2-9　加拿大黑土的典型剖面

土层厚度	12厘米
土壤质地	主要为壤土
土壤结构	A层呈现颗粒状结构，易碎，B层呈现棱柱状结构
土壤孔隙度	各种耕作方式都为土壤播种提供了良好的土壤孔隙度
土壤颜色	10YR 3/5

资料来源：Landi, A., Mermut, A. R., 和Anderson, D. W., 2003a。加拿大萨斯喀彻温省土壤中沉积碳酸盐累积的起源和速率。Geoderma, 117：143-156。Landi, A., Anderson D. W.和Mermut A. R., 2003b。萨斯喀彻温省从草原到森林的环境梯度土壤的有机碳储存和稳定同位素组成。加拿大土壤科学杂志, 83：405-414。

Landi, A., Anderson D. W.和Mermut A. R., 2004。萨斯喀彻温沼泽地带的碳动力学。SSSSAJ, 68：175-184。

量的变化，土壤呈现明显的分带性。土壤颜色由纯黑色逐渐过渡到深棕色，再到棕色。实地考察者在萨斯喀彻温省从北向南行进时，可以直观地观察到这种土壤颜色的变化，这与俄罗斯的多库恰耶夫地带性规律颇为相似。然而，该地区气候的主要制约因素是严重缺水。在中欧和西欧，类似于加拿大黑钙土的土壤类型通常出现在森林植被覆盖区域（Eckmeier等，2007）。

　　自19世纪70年代欧洲人定居以来，加拿大的草原地区几乎完全转变为农业生产区。缺水限制了农业生产，因此，该地区主要种植小粒谷物、油菜、豆类和饲料作物，并且大力发展畜牧业。土壤密度达到最佳状态的条件：将耕作深度控制在25～27厘米，并定期将土壤疏松至50厘米深度。此时，土壤密度值为1.16～1.28克/厘米³。土地利用对土壤物理和化学性质的影响因干扰的强度和频率而异。土壤碳含量降低是土地利用变化最常见的影响之一，普遍认为这主要是由于收获作物时移除了地上和地下生物质，以及在耕作过程中有机碳的氧化增加（Dodds等，1996）。如果将整个耕作地形序列考虑在内，那么最大的碳损失是由低坡地区的矿化作用导致的，其损失量是高坡地区侵蚀损失量的两倍以上。在高坡地区，耕作初期，总碳损失主要是由矿化作用造成的，而在后期，侵蚀成为总碳损失的主要原因。

　　保护性耕作在加拿大取得了巨大成功。但是，长期的耕作活动也导致了严重的土壤侵蚀，特别是在丘陵和山坡地区，表层土壤大量流失。为了改善这一状况，可选择在轮作中加入覆盖作物和多年生牧草，以此来提高土壤中的有机质含量。而另一种更为有效的解决方案则是将山坡底部的土壤搬运到山顶。

　　通过分析土壤中微生物的丰度和多样性，可以评估不同管理措施对作物系统产生的长期的持续性影响。研究结果显示，在长期采用免耕（NT）和传统耕作（CT）方式的土壤中，耕作干扰并不是决定微生物群落结构的主要因素。在采用有机方式管理的土壤中，微生物活动的增强可能会使植物更易吸收磷元素。家畜粪便成为可利用磷的丰富来源，但加拿大的许多有机农场并不养殖家畜。通过种植产量更高的植物种类或增加肥料的使用，通常可以积累更多草地土壤有机碳。增加植物种类或功能群的数量，尤其是引入豆科植物，也有助于积累更多土壤有机碳。相较于未放牧的草地，放牧草地通常能够更快地积累土壤有机碳（Sollenberger等，2019）。

草原地区约占加拿大可耕地的85%，因此是其最重要的农业区。历史上，这一地区以谷物生产为主，特别是硬红春小麦。加拿大大草原的作物生产依赖简化的、由投入驱动的单一耕作制度，这种制度遵循生态年度作物生产理念，同时考虑到有机质流失以及自然和农业生物多样性的减少，以维持农民经济收入的稳定性（Martens等，2013）。例如，2013年加拿大大草原作物丰收后，营养物质显著下降，导致2014年需要增加施肥量。

持续的作物和动物种类减少逐渐减少了土壤中必需的大量和微量营养元素的可利用性。草原土壤中没有任何一种营养元素是取之不尽、用之不竭的。作物产量越大，从土壤中提取的作物必需营养元素就越多。人们已渐渐认识到土壤中氮、磷、钾和硫等大量营养元素的枯竭问题。然而，随着四季更替，不断收获农作物，人们却对土壤中铜、锌和硼等作物必需的微量营养元素的消耗

情况知之甚少（Evans和Halliwell，2001）。

1994—2002年，加拿大大草原农业采取作物多样化的做法，反映了其在应对各种风险（包括气候变化）方面的优势和局限性。通过对1.5万个以上农场的经营数据进行分析，人们发现自1994年起，农场在种植模式上逐渐走向专业化。尽管人们深知气候变化的预期影响和作物多样化在降低风险方面的益处，但这种趋势在未来短期内似乎不太可能有所改变（Bradshaw等，2004）。

耕作和侵蚀成为土壤的主要威胁。为了量化有机碳、氮、磷和总磷的损失或增加情况，研究人员比较了毗邻地段上的耕地土壤和原生草地土壤。一般来说，侵蚀导致了土层厚度的显著减小，因此侵蚀导致的损失在上坡地段最为严重。侵蚀过程的沉积积累以及耕作操作期间的重新分布，导致了耕地沿线某些地段上的积土。源自沙岩和粉沙岩的土壤似乎通过矿化作用失去了大部分有机碳、氮和磷，相比之下，页岩形成的土壤则保留更多有机碳、氮和磷。矿化作用导致的有机成分损失在沉积段上通过积土得到了补偿。随着持续耕作，氮含量持续下降，降幅远大于收获谷物和移除秸秆所造成的氮损失。回归分析结果表明，在页岩形成的细质土壤中，有机碳、氮和磷的损失更与侵蚀密切相关。土壤中磷的总量不受矿化转化的影响，因此总磷的变化与土壤颗粒的重新分布和分选密切相关（Gregorich和Anderson，1985）。截至2011年，加拿大大部分农田（74%）面临的土壤侵蚀风险较低。加拿大农业用地的土壤侵蚀风险正逐步降低（加拿大农业与农业食品部，2011）。

美国

地理分布。就气候条件而言，美国黑土区主要分布在联合国政府间气候变化专门委员会（IPCC）气候区划中的冷温带干旱区，其次是冷温带湿润区、暖温带干旱区、暖温带湿润区、热带湿润区，而在北方针叶林湿润区则相对较少。

表2-10中详细列出了依据《世界土壤资源参比基础》（WRB）（国际土壤科学联合会《世界土壤资源参比基础》工作组，2015）和美国土壤分类系统（ST）（土壤调查组，2014）对黑土进行分类的情况。该表展示了美国农业部自然资源保护局土地资源区（LRR）黑土覆盖的每个区域。东部的黑钙土形成于高草草原下，具有湿润气候的土壤水分状况，与西部碳酸钙含量逐渐增加的黑钙土相比，其底土中的碳酸钙含量较低。位于东部高草草原的黑钙土，在《世界土壤资源参比基础》系统中可归类为黑土，而在美国土壤分类系统的亚类中，则是湿润软土（Udolls）或（如果周期性地与水饱和）潮湿软土（Aquolls）。向西穿过大平原，高草草原逐渐转变为半干旱草原，同时湿润气候水分状况也逐渐转变为半干润状况。在此过程中，湿润软土逐渐转变为干润软土（Ustolls），黑土转变为黑钙土，而后，随着气候逐渐变得干燥则

表2-10　美国本土资源区（LRRs）黑土的分类

土地资源区域	黑土分类 WRB 参考土类	黑土分类 土壤分类亚级	分节主题类别
A	火山灰土＞始成土＞黑钙土	湿润火山灰土＞湿润始成土＞夏旱软土	火山
B	栗钙土	夏旱软土	中纬度草地
C	栗钙土	夏旱软土	中纬度草地
D	栗钙土＞始成土	夏旱软土，旱境始成土，干润软土	高地
E	栗钙土＞黑钙土＞始成土	干润软土，半干旱始成土（Ustepts）	高地
F	黑钙土，栗钙土	干润软土	中纬度草地
G	栗钙土	干润软土	中纬度草地
H	黑钙土，栗钙土	干润软土	中纬度草地
I	栗钙土	干润软土	中纬度草地
J	变性土，黑钙土	半干润变性土，干润软土	中纬度草地
K	有机土	半分解有机土，高分解有机土	湿地
L	黑钙土	湿润软土	中纬度草地
M	黑土	湿润软土，潮湿软土	中纬度草地
N	始成土	湿润始成土	高地
O	有机土	高分解有机土	湿地
P	（极少量）	（极少量）	无数据
R	灰壤	腐殖质灰化土（Humods）	高地
S	（极少量）	（极少量）	高地
T	变性土，有机土	半干润变性土，高分解有机土	湿地
U	有机土，灰壤	高分解有机土，灰化土	湿地

　　资料来源：土壤调查组，2014。土壤分类指南（第12版）。华盛顿哥伦比亚特区：美国农业部自然资源保护局。
　　注：阿拉斯加、夏威夷及美国部分领土几乎没有或仅有少量的黑土分布。

转变为栗钙土，在这种气候条件下，黑土逐渐消失。继续向西，黑土在山区重新出现。随着海拔的不断升高，降水量不断增加，从最低海拔的干旱逐渐过渡到草原、稀树草原、林地，直至进入常绿森林。在西部山区，随着海拔的升高，黑土逐渐转变为干润软土（栗钙土和黑钙土），直至森林冠层闭合的区域。在更加寒冷、更高海拔的地区，黑土以寒性土（Cryolls）的形式出现。继续向西，土壤从干润软土转变为夏旱软土（Xerolls），这表明降水的季节分布已经从春季和夏季降水变为冬季降水。在最西部的各州，黑土还以火山灰

土［《世界土壤资源参比基础》中的火山灰土和美国土壤分类系统中的湿润型
土壤（Udands）］以及始成土（Inceptisols）［《世界土壤资源参比基础》中的
始成土（Cambisols）］和美国土壤分类系统中的始生土（Xerepts））的形式出
现。与暗沃土相比，这些黑土区的面积较小。在美国东部，黑土分布面积相对
较小，主要以有机土［ST系统中的高分解有机土（Saprists）和半分解有机土
(Hemists)]、灰土（Podzols）［ST系统中的灰化土（Aquods）］和变性土［ST
系统中的半干润变性土（Usterts）和湿润变性土（Uderts）］的形式出现。在南
部阿巴拉契亚山脉的温带雨林条件下，黑土以淀积土［ST系统中的湿润始成
土（Udepts）］的形式出现。

　　独特成因和性质。表2-11中列出了每个土地资源区域影响黑土形成的主
导因素，同时还包括主要的土地利用方式、土壤中的地质层和成土层（这些层
次对根系生长有限制作用），以及有机和无机（碳酸钙）碳储量。碳储量是针
对黑土分布的整个土地资源区域而言的。因此，黑土本身的碳浓度将高于所示
数值。

表2-11　黑土的成因、土地利用方式、成因限制层和土壤层次，
　　　　以及黑土资源区的碳储量

土地资源区域	黑土成因	黑土的土地利用方式	黑土的地理限制	黑土的成土限制	土地资源区域有机碳储量（吨/公顷）	土地资源区域碳酸钙态碳储量（吨/公顷）
A	温带雨林	常绿林	准岩石层、岩石层	胶结层、铁磐层	142	0
B	山地森林土壤	常绿林	准岩石层、岩石层	硬磐层	78	79
C	山地森林土壤	常绿林	准岩石层、岩石层	硬磐层	101	4
D	山地森林土壤	常绿林	岩石层、准岩石层	硬磐层	44	91
E	山地森林土壤	常绿林	岩石层、准岩石层	—	79	37
F	高草草原草地	大豆、玉米、小麦	准岩石层	钠质层	137	119
G	草原，山地土壤	草地、常绿林	准岩石层、岩石层	钠质层	60	71

（续）

土地资源区域	黑土成因	黑土的土地利用方式	黑土的地理限制	黑土的成土限制	土地资源区域有机碳储量（吨/公顷）	土地资源区域碳酸钙态碳储量（吨/公顷）
H	草原和高草原土壤	玉米、棉花、草地（牧场）	致密碳酸盐层、岩石层，层次变化明显	钠质层、碳酸盐岩层	110	166
I	稀树草原和草原土壤	灌木丛、棉花	岩石层、致密碳酸盐层	碳酸盐岩层	100	348
J	高草草原	草地（牧场）、玉米	致密碳酸盐层、岩石层	碳酸盐岩层	118	296
K	（极少量）沼泽土	（极少量）湿地	（极少量）致密层	（极少量）脆土层	252	66
L	（极少量）沼泽土	（极少量）湿地	（极少量）致密层	（极少量）铁结层	209	117
M	冰碛层上的高草草原	玉米、大豆	致密矿物层，急剧的土壤质地变化	—	163	92
N	温带雨林	高海拔混交林	准岩石层	—	60	1
O	洪泛平原三角洲土壤	湿地	—	—	109	21
P	（极少量）石灰质草原	（极少量）	（极少量）准岩石层	—	91	1
R	亚寒带森林土壤	混交林	致密矿物层、岩石层	铁结层	139	3
S	（极少量）山地土壤	（极少量）混交林	（极少量）岩石层	（极少量）	75	0
T	白垩土壤和沼泽土壤	湿地	—	钠化层	353	24
U	沼泽土壤	湿地	岩石层、准岩石层	铁结层	396	10

资料来源：Guo, Y., Amundson, R., Gong, P., Yu, Q., 2006。美国大陆地区土壤碳的数量及空间变异。土壤科学学会杂志（70）：590-600。

注：如果涉及多个项目，表中的项目按丰度顺序列出。

　　黑土的成土过程主要有三种路径。最常见的一种路径是通过分解纤维质草根来增加有机质，这个过程（称为黑化作用）是美国大部分黑土的成因。第二种路径是在火山灰土和变性土中，有机质与矿物质结合形成的有机矿物复合物。在火山灰土中，这些复合物形成于有机质和由火山灰风化而来的短程有序矿物（如水铝英石和伊毛缟石）之中（土壤调查组，1999）。这一形成过程发生在土地资源区域的北部地区。在变性土中，这些复合物形成于有机质和带高电荷的2：1型黏土矿物（主要是蒙脱石）之中，这一过程发生在土地资源区的黑土草原上。第三种路径是在土壤被水淹没时，真菌在厌氧条件下的分解受到抑制，从而导致土壤有机质的浓度增加。这一过程发生在土地资源区的湿地中。

美国黑土的土壤质地差异很大，主要是因为构成大部分黑土的松软表层（Mollic Epipedon）覆盖在多种母岩上，包括黄土、冰川沉积物、湖泊沉积物、洪泛平原和扇形地的冲积物、火山灰，以及来自多种沉积岩、变质岩和火成岩基岩的残积物。松软表层的结构通常呈"颗粒状"。然而，底土的结构则因母岩和土壤发育程度的不同而发生变化，从"无结构"到"强角块状"不等。松软表层的颜色符合黑土表层的暗色要求（土壤调查组，2014）。其他黑土的暗黑层和有机质层同样为深色。

影响黑土的地质层包括基岩（岩质）、风化基岩（准岩质，如残积层）、质地突变、致密基岩（如风化沉积岩的土壤结构，阻碍根系进入）、致密物质（如紧实的冰川沉积物）。影响黑土的成土层包括硬磐层、碱化层、石化钙积层、脆磐层、灰化铁磐层和胶结层。

覆盖范围和地理分布规律。通过比较可知美国土地资源区域内黑土的分布情况。拥有原生草原土壤的土地资源区域黑土覆盖范围较广。西部山区的土地资源区域也拥有丰富的黑土资源。

土地利用与管理。大部分区域主要种植玉米和大豆等作物区域的黑土也主要用于种植玉米和大豆等作物。此外，部分区域的黑土还可用来种植棉花和小麦等作物。其他区域的黑土则被用作草地（牧场）、森林和湿地。

生态系统服务。在美国，黑土主要用于食品、饲料和纤维生产，此类情况主要发生在中西部和大平原的部分区域。

虽然在少数地区确实存在对原生草原的保护和恢复措施，但生物多样性对耕地黑土的重要性较低，而对湿地和山区黑土而言却极为重要。

缓解和适应气候变化主要涉及碳固存，包括土壤有机碳固存和无机碳固存。几乎所有农田的黑土都存在土壤有机碳大量损失的情况。因此，这些土壤现在具有巨大的固碳潜力作为负排放技术，同时还可改善土壤健康情况（Lal等，2021）。在干旱地区的黑土中，以无机碳形式（碳酸钙）进行的碳固存作为一种负排放技术也存在巨大的潜力（Monger，2015a）。

黑土益处良多，包括湿地生态旅游价值、西部山区黑土的美学和娱乐价值，以及所有有关黑土的科学发现价值。

碳储量与稳定性。在沼泽地中形成有机土的黑土区域土壤有机碳浓度最高。相反，在几乎不存在黑土的区域，或黑土被大片沙漠和半干旱草原环绕的区域，土壤有机碳浓度最低。至于农田中的黑土其土壤有机碳浓度则处于中等水平。

碳的稳定性存在明显差异，从湿地（假设它们保持为湿地）到西部山区和农田稳定性呈现递减的趋势。

西部山区目前正面临严重的火灾和随之而来的侵蚀问题，以及荒漠化现象，这导致草原逐渐被入侵的木本灌木取代。自20世纪中叶工业和农业兴起以来，农田土壤已经损失了大量碳储量，而且只要作物产量在商业肥料的助力下持续保持高水平，这种碳损失的情况可能会继续。不过，随着近期人们对土壤健康、碳固存以及水污染问题（尤其是海洋中的藻类大量繁殖和明显的低氧区域出现）关注的不断增加，这种碳损失的趋势有望得到缓解。

主要威胁和退化过程。农田区域的黑土面临表层压实、土壤有机质和耕层流失、盐分积累、过度使用肥料和农药造成的污染、土壤湿度过大、洪涝、水蚀等威胁。此外，在气候更干燥、土壤质地较轻的地区，风蚀现象明显，城市发展也造成了土壤流失。山区的黑土面临陡坡水蚀、过度放牧、入侵植物的扩张（特别是有害杂草）、森林火灾、土壤封闭、生物多样性丧失和荒漠化等威胁（Wang等，2016；Monger等，2015b）。

土壤退化的主要驱动因素和压力一方面来源于土地利用不合理，另一方面则来源于人口增长。气候变化带来的更温暖且更干燥的气候条件已对西部山区的黑土造成了尤为严峻的挑战。

自20世纪30年代以来，美国农业部土壤保护局（现为自然资源保护局）一直在监测土壤退化的状况。该机构正在详细记录土壤退化和健康的各项指标，并与全国农民展开积极合作，以促进土壤保护工作有序开展。

与全球土壤退化情况相同，美国土壤退化产生的影响和人类的应对措施对农民和整个社会都产生了负面影响，造成了自然资源的损失。考虑到粮食安全、各类环境问题、生物多样性和联合国的可持续发展目标等因素，迫切需要采取措施减轻土壤退化，并努力修复退化的土地（Lal等，2021）。

© Matteo Sala

3 黑土的现状与挑战

3.1 黑土的全球概况

黑土仅占全球土地面积的8.2%（FAO，2022a），但在全球粮食安全中发挥着至关重要的作用。联合国可持续发展目标2（即到2030年消除饥饿，实现粮食安全，改善营养状况和促进可持续农业发展）对此已经进行了强调。根据《世界土壤资源参比基础》，广义上，黑土包括三大土类：黑钙土（Chernozems）、栗钙土（Kastanozems）和黑土（Phaeozems）。黑土的特点是表土厚、颜色深且腐殖质丰富。一般来说，黑土呈粒状和亚角块状结构，具有最佳容重和较高的植物养分含量。但所有这些有利的特性只存在于原始或近乎原始的生态系统土壤中，如今此类土壤已十分稀少（Montanarella等，2021）。膨胀土（变性土）、火山灰土（火山土）和人工土等其他类型的土壤也被认定为黑土。尽管上述土壤并非严格符合黑土定义第一类所示的某些条件（如在草原植被下形成），但它们都具备一些剖面特征（如表层土深厚、深色、富含腐殖质），可以归类为黑土（FAO，2019）。

黑土不仅高产，还能提供多种生态系统服务，如保水、维护从微生物到大型生物的土壤生物多样性、保持土壤肥力、防止土壤压实及抗涝。其中，最有价值的服务是以相对稳定的形式积累大量的土壤有机碳（SOC）。黑土是重要的碳库之一，占全球土壤表层（0～30厘米）土壤有机碳总储量的8.27%（约56亿吨碳）（FAO，2022d）。

然而，耕作过程中腐殖质氧化的加速导致有机碳损失，这些碳库正面临威胁。人们普遍认为黑土"天然"肥力较高，无须施用有机肥料和矿质肥料，因此在许多地方，腐殖质和养分的流失是黑土面临的最大威胁。同时，黑土受到各种物理、化学和生物降解过程的进一步威胁（粮农组织政府间土壤技术小组，2015）。

其中一些过程很容易通过可持续土壤管理措施进行逆转，如养分失衡、土壤压实和结构退化。然而，其他过程则难以逆转。首先，侵蚀（风蚀、水蚀和融雪侵蚀）造成的土壤流失是全球土壤面临的最普遍威胁。风蚀问题十分严重，极大影响了美国中西部地区（例如20世纪30年代的沙尘暴），以及20世纪50年代苏联垦荒时期的西西伯利亚和哈萨克斯坦北部。目前，土壤盐碱化问题日趋严重，特别是在需要灌溉的最干旱黑土分布区。其次，粮食生产导致土地利用方式改变，使诸如过度耕作和过度放牧等不可持续的管理方法愈演愈烈，进一步加剧了侵蚀造成的土壤流失。面源污染影响了种植纤维作物的黑土。这种情况发生的原因多种多样，其中包括不当施用大量氮肥、磷肥和有机肥，过量使用除草剂和杀虫剂，这些物质的分解产物是土壤、溪流和地下水的潜在污染物。最后，在人口稠密的地区和国家，城市面积和基础设施不断扩张，导致大片黑土受到土壤封闭的威胁。这种扩张使得数千公顷原本用于粮食生产的黑土消失殆尽。

黑土，中国黑龙江省嫩江市

3.2 黑土的多重益处

3.2.1 生态系统服务

土壤参与了地球生命所需的大部分生态系统服务（ES），如：提供食物、纤维、生物能源和水；调节气候、大气、洪水、干旱、土地退化、水质和病虫害；支持养分循环并提供生物栖息地；具有娱乐、精神及宗教方面的非物质文化价值（图3-1）。黑土具有独特的土壤性质，这些性质是提供基本生态系统服务的关键。例如，黑土具有较高的土壤有机质含量和阳离子交换量、较好的土壤物理性质（土壤结构、孔隙度、导水率和入渗率）和土壤生物栖息地，从而确保了食物、燃料、纤维和淡水的供应，并且能够调节气候、控制侵蚀、净化水质及支持养分循环（Adhikari 和 Hartemink，2016）。

　　尽管所有类型的土壤都参与提供生态系统服务，但在提供健康食品、养分、水资源储备、生物栖息地等方面，黑土却发挥着优势作用。因此，与其他肥力较低的土壤相比，不可持续的管理方法导致的黑土有机质流失造成的影响可能更为严重。

　　Adhikari和Hartemink（2016）通过图3-1展示了土壤和生态系统服务之间的联系，图3-1将土壤概念化为一个复杂的系统，此系统为环境和社会提供了多种益处，需要用整体方法对其进行研究，以了解土壤功能、生态系统服务和人类福祉之间的多重相互作用。

　　自然生态系统向农业生态系统的转变以及机械耕作引发了人为土壤侵蚀，这对生态系统服务造成了诸多不利影响，其中包括：①实地影响，如土壤质量退化，农业生产力下降，投入品利用效率降低；②异地影响，如土壤侵蚀加速所导致的富营养化和污染，水库和水道淤积，二氧化碳、甲烷和一氧化二氮排放量增加（Lal，2014）（图3-2）。

图3-1 概念图：利用土壤功能将土壤主要特性与生态系统服务串联起来，以增进人类福祉

资料来源：Adhikari, K., Hartemink, A.E., 2016. 土壤与生态系统服务的关联：全球综述。Geoderma，262：101–111。

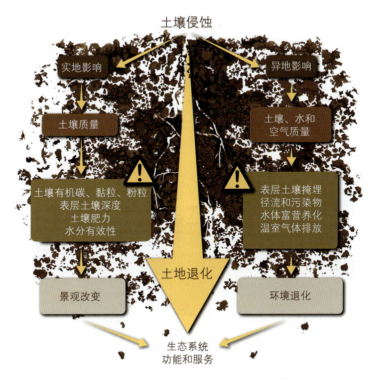

图3-2　侵蚀加速对生态系统功能和服务的不利影响

资料来源：Lal，R.，2014。土壤保护与生态系统服务。国际土壤与水土保持研究，2（3）：36–47。

3.2.2　减缓和适应气候变化

　　黑土有助于减缓和适应气候变化。一方面，黑土具有较高的土壤有机碳固碳潜力，因此减缓气候变化的潜力巨大（图3-3）。根据FAO发布的全球土壤有机碳分布图，黑土表层30厘米土壤的有机碳储量平均为77.24吨/公顷，高于所有矿质土壤的有机碳储量平均值（2022b）。另一方面，黑土在欧洲和亚洲已有数百年的耕种历史，在美洲和大洋洲，其耕种历史也达到了150～200年。经过粗放耕作和集约耕作（包括种植谷物、牧草及建立牧场和饲料系统）后，黑土土壤有机碳大量流失（图3-3）。各类估算结果显示，从自然系统转变为集约化耕作后，土壤有机碳损失高达其初始储量的50%，美国集约化耕作的土壤中就出现了这种情况（Gollany等，2011）。此类土壤有机碳损失是土地利用不当和不可持续管理做法的直接后果，进而导致土壤质量下降。土壤质量下降通常表现为表土结构不良、土壤侵蚀加速，进而导致碳被排放到大气中，加剧了气候变化（Lal，2019）。

黑土：碳汇还是碳源？

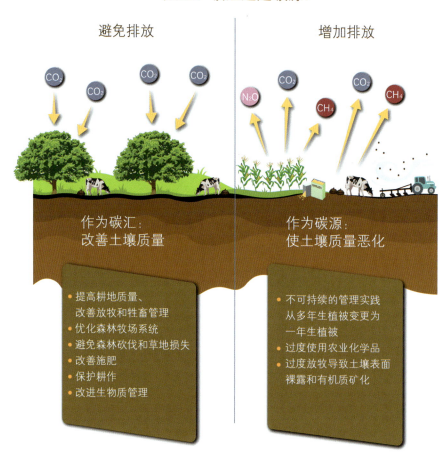

图3-3　不同管理实践导致黑土碳汇与碳排放者的双重角色
资料来源：作者提供。

　　碳损失主要是由过度耕作造成的，同时与一年生作物取代多年生植被（草原、森林）有关，这通常会导致土壤中的碳归还量减少和水文失衡（Fan等，2017）。草原转化为农田20年后，其土壤有机碳储量平均减少36%（Poeplau等，2011）。土壤有机碳固存占减缓气候变化方案中总固碳潜力的25%（每年238亿吨二氧化碳当量）（Bossio等，2020）。通过调控土壤碳减缓气候变化的解决方案中，有40%是维持现有的土壤有机碳储量，其余60%则依赖重建已消耗的土壤有机碳储量。历史上，土壤有机碳的大量流失使黑土在恢复过程中有了一个足够低的基线，从而有望实现土壤有机碳的显著增加。这种基于自然的解决方案是以土壤有机碳为中心的可持续管理做法，具有多重益处，且目前尚未发现弊端（Smith 等，2020）。土壤有机碳固存的主要潜力来自种植一年生作物的黑土地，这种潜力主要归因于两个因素：一个是存在较大的产量提升空间，一个是历史上土壤有机碳的大量流失（Amelung 等，2020）。采取适当的土地利用和土壤管理做法，可以增加黑土的土壤有机碳含量，改善土壤质量。黑土区大气二氧化碳含量的上升趋势也可因此得到缓解（Liu 等，2012）。综上所述，可持续利用和管理黑土，维持或增加土壤有机碳储量将是减缓和适应气候变化的关键。通过采取 Smith 等（2020）所述基于自然的做法，可使黑土土壤剖面中的固碳量有所增加，从而有助于减缓气候变化。其中许多做法（如改善农田和森林管理及增加土壤有机碳含量）都是基于提高集约化程度，并且无须转变土地用途。提高粮食生产的土地生产力，可以避免因农田面积扩大而产生的排放（Mueller 等，2012），还可通过降低产品温室气体强度而减少排放（Bennetzen、Smith 和 Porter，2016）。改善农田、牧场和畜牧管理的碳减排潜力可能不算显著，但其占地面积大，因而产生的影响不容小觑。

3.2.3 增进人类福祉

黑土可保障粮食安全、净化水源、抵御化学物质和病原体侵害，并提供文化生态系统服务，从而为人类福祉作出贡献（Brevik 和 Sauer，2015）（图3-4）。经过数百年的耕作，黑土在许多地方文化中仍被视为健康和营养食物的象征（Liu 等，2012）。黑土含有充足的养分，为当地以及其他地区的人们提供了营养丰富的食物，从而避免了营养不足对人类健康造成的负面影响（Steffan 等，2018）。

有证据表明了古代文明对黑土作出的贡献，例如在数百年前的亚马孙地区，土著部落在哥伦布到达美洲之前就在低地耕作，留下了木炭、鱼骨和有机物。这些物质经过长时间的演变，形成了如今被誉为亚马孙黑土的高肥力土壤（Kern 等，2019；Anne，2015；Schmidt 等，2014）。在中国东北地区，黑土与文化价值紧密相连，东北人将黑土与健康积极的特质相联系，以彰显个性，提高其产品的附加值及文化价值（Cui 等，2017）。

3.2.4 粮食生产与粮食安全

全球数据分析结果表明，所有专门用于种植农作物的土地中，目前有17%的农田被黑土（黑钙土、栗钙土和黑土）覆盖（国际土壤科学联合会《世界土壤资源参比基础》工作组，2006）。全球黑土分布区中，1/3被用作农田（FAO，2022a），这在一定程度上归因于黑土固有的高肥力。尽管这些黑土面临土壤侵蚀、养分失衡、土壤压实和结构退化等一系列不可逆转的退化过程，但其高肥力往往掩盖了退化风险，导致人们低估这一问题（粮农组织政府间土壤技术小组，2015）。

东欧和欧亚大陆的寒冷地区分布着天然肥力较高的黑土（黑钙土）。若年度内降水和温度等天气条件适宜，这些黑土能够确保该地区的国家粮食安全（Avetov 等，2011；Kogan、Adamenko 和 Kulbida，2011；Kobza 和 Pálka，2017）。中国历来将粮食安全视为头等大事，自20世纪50年代起，便将黑土地誉为"粮仓"。2014年，中国水稻产量的15.9%、玉米产量的33.6%、大豆产量的33.9%均源自黑土区（中国国家统计局，2015）。美国黑土覆盖面积达3 120万公顷，其中42%被用于农作物生产（土壤系统分类，2014；FAO，2022a）。在南美洲南部锥形地区，大部分黑土被用于谷物、油料作物、果园、饲料和纤维作物的生产。此外，黑土还被用于畜牧业和乳品业，人们用黑土地上的谷物、饲料作物或天然牧草喂养牛群（Durán，2010；Durán 等，2011；Rubio、Pereyra 和 Taboada，2019）。

黑土的多重益处

对人类的益处

对环境的益处

1 无贫困　　2 零饥饿　　3 良好健康与福祉　　6 清洁饮水和卫生　　13 气候行动　　15 陆地生物

粮食安全
- 有机质丰富、肥力高
- 土壤结构良好
- 农民增收

人类福祉
- 提供营养食物
- 丰富民俗文化
- 提供替代生计

生态系统服务
- 土壤有机碳固存
- 维持土壤生物多样性
- 保持土壤肥力
- 防止水涝和土壤压实

减缓和适应气候变化
- 增强抵御干旱和洪水的能力
- 温室气体平衡
- 减缓全球变暖
- 提高土壤有机碳储量和碳固存能力

图3-4　黑土的多重益处

资料来源：作者提供。

国际黑土联盟、"千分之四"土壤倡议（Soussana等，2019）和全球土壤伙伴关系框架（Rojas等，2016）等一系列国际倡议都强调需要保持土壤健康，消除肥沃土壤面临的种种威胁，以应对到2050年粮食需求预计增长60%的挑战。黑土非常肥沃，被誉为"世界的食物篮子"或"耕地中的大熊猫"（Zhang和Liu，2020）（图3-5）。预计未来几十年，黑土将面临更为严峻的耕种压力，因此需要改进管理和治理措施。

果园

小麦

马铃薯

饲料和纤维生产

- 世界重要的粮食来源，对全球经济至关重要
- 天然高产的肥沃土壤
- 占全球耕地面积的17%

大豆

水稻和玉米

畜牧业

谷物和油料作物

图3-5　黑土在保障全球粮食安全中的关键作用

资料来源：作者提供。

3.3 黑土面临的主要威胁

《世界土壤资源状况报告》(粮农组织政府间土壤技术小组，2015) 强调了全球范围内对土壤功能最具威胁的因素，特别强调了土壤侵蚀、土壤有机碳损失和养分失衡。根据目前的情况，私营部门、政府、国际组织和学术界等各方需采取一致行动，否则情况将进一步恶化。

黑土也不例外，同样受到全球所有威胁因素的影响。如前所述，大多数已开垦黑土已经损失了至少一半的碳储量，并遭受中度至重度侵蚀等退化过程的影响。此外，黑土还持续面临土壤养分失衡、土壤封闭和土壤生物多样性丧失等威胁。

3.3.1 土壤有机碳损失

土地利用变化和不可持续的管理做法普遍导致黑土中土壤有机碳的大量流失。土壤有机碳变化已成为第二大威胁。具体而言：在南美洲，森林砍伐、草地集约化种植和单一栽培导致土壤有机碳大量减少；在中国东北地区，土地利用方式变化和草场退化引发有机碳流失；在欧洲，则是由于自然植被被替代，致使土壤有机碳面临同样的威胁。这些地区都是黑土占主导或有明显的黑土分布。

乌克兰境内的黑土是土壤有机碳损失的典型例证。自1970年以来，乌克兰的土壤有机质含量发生了显著变化。V.V.多库恰耶夫时代以来的140多年间，由于土地利用不合理，土壤有机碳的平均损失已达到22%，其中，草原地区的损失约为19%，而波利西亚地区的损失则超过20% (Baliuk 和 Kucher，2019)。

根据Yatsuk (2015，2018) 的研究，腐殖质流失最为严重的时期为20世纪60—80年代，这是由于农业生产集约化后，行播作物 (特别是甜菜和玉米) 的种植面积大幅增加。在此期间，腐殖质的年流失量为0.55 ~ 0.60吨/公顷。目前，农业用地上土壤腐殖质的流失问题仍在持续。根据过去五轮 (1986—2010年) 农业用地农化认证结果，乌克兰土壤中的腐殖质含量绝对值已下降了0.22%，占3.14%。就土壤类型和气候带而言，草原区的土壤腐殖质含量降幅最大，从3.72%降至3.40% (绝对值下降了0.32%)。森林草原区的变化幅度略小，但腐殖质的流失仍相当显著，降幅为0.19%。引入新的管理措施后，截至2015年，腐殖质流失的动态趋势放缓 (Yatsuk，2018)。

加拿大的相关研究也记录了黑土中有机质增加与损失之间复杂的平衡关系。根据Landi等 (2003a，2003b，2004) 的研究，在黑钙土中播种牧草时，(基于干物质) 地上净初级生产力 (NPP) 年均值为490克/米^2，地下净初级生产力年均值为206克/米^2。在1.2米深的土层中，有机碳含量接近150吨/公顷。研究的3种土壤中，年平均变化率为1.18克/米^2。许多研究人员认为，草原土壤在耕作条件下已经损失了约30%的有机质。据Mann（1986）估算，损失量为1.5～2.0千克/米^2。鉴于这些损失是在80年农业实践期间发生的，因此可估算出年均损失率为19～25克/米^2，是黑钙土中碳积累率的10～30倍。这一速率在碳损失的早期阶段可能会更高，然后逐渐趋于平稳并达到某一稳定水平。因此，可能只需要几百年的时间，大部分土壤有机碳将流失殆尽。底土中的有机碳比表土中的更为古老，因而可以代表不同于今天的植被组成情况（Mermut和Acton，1984）。

放牧可能会对土壤有机碳的储量产生影响。在哥伦比亚托利马省阿奈梅高地的土壤（0～30厘米）中，正在使用的牧场土壤有机碳储量为34.4吨/公顷，而闲置20年的牧场土壤有机碳储量仅为22吨/公顷。一种可能的解释是细根生物质的增加，细根分解时为土壤提供更多的碳（Maia等，2010），而牧草不更新则可能减少衰老根系所提供的碳量（Andrade、Espinosa和Moreno，2014）。然而，相关研究仍需进一步深入（Castañeda-Martín和Montes-Pulido，2017）。

Avellaneda-Torres、Leon-Sicard和Torres-Rojas（2018）以及Otero等（2011）发现，有机碳含量变化呈如下趋势：高沼地>马铃薯农场>养牛场。在钦加萨国家自然公园和洛斯内瓦多斯国家自然公园也观察到了类似的结果。这些地区土壤剖面的碳含量在受保护的高原生态系统中低于未受保护的生态系统中。相较于高山稀疏草地，种植马铃薯和养牛过程中，土壤中易氧化有机碳含量降低，这可能是牛群放牧导致原生植被覆盖减少，使土壤暴露于水、空气和太阳辐射等环境因素中，并可能增加了土壤侵蚀的风险（Otero等，2011）。

通过保护性耕作、施用有机肥和堆肥以及生物质管理等合理手段恢复黑土中的土壤有机碳储量对可持续发展和环境稳定都具有重要意义（Xu等，2020）。土壤有机碳下降的原因包括土地利用方式变化、过度耕作、种植系统管理不善（如单一栽培模式）和养分补充不足等方面（粮农组织政府间土壤技术小组，2015）（图3-6）。俄罗斯和乌克兰的研究表明，土壤植被覆盖的丧失加剧了侵蚀过程，在轻度、中度和重度侵蚀的黑土中，土壤有机质含量可分别下降15%、25%和40%（Iutynskaya和Patyka，2010）。

Oldfield、Bradford和Wood（2019）利用全球有机质-作物产量潜力定量模型研究发现，随着土壤有机碳浓度的升高，小麦和玉米的产量会增加，并在土壤有机碳含量约为2%时趋于稳定。通过提高有机碳浓度，可实现玉米和小麦增产，实际产量与预计产量的差距可分别缩小30%和60%。

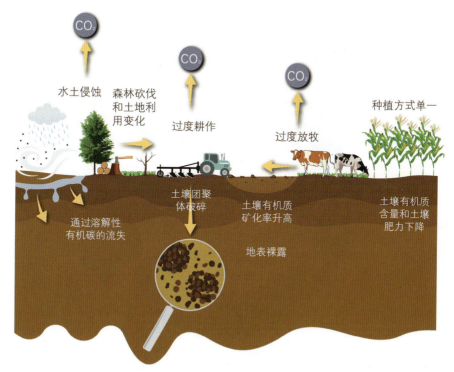

图3-6　土壤有机碳损失的主要驱动因素
资料来源：作者提供。

《世界土壤资源状况报告》（粮农组织政府间土壤技术小组，2015）得出结论：应优先采取行动稳定或提高全球土壤有机质含量（包括有机碳含量和土壤生物量）。所有国家都应因地制宜，确定适合本地提高土壤有机碳水平的管理方法，并推动其实施，以在国家层面实现稳定的土壤有机碳平衡或土壤有机碳增加。

15 | 全球土壤再碳化（RECSOIL）倡议

农民积极参与
（农民协会）

②

③ 与"全球土壤再碳化倡议"的实施达成合作协议（农民与全球土壤再碳化倡议之间的协议）

农业土壤再碳化

① 技术可行性（当前土壤有机碳储量和土壤有机碳固存潜力）

④ 提供技术支持和资金

土壤健康路径（健康的土壤）

碳市场路径（健康的土壤+碳信用）

农民采纳有效做法

全球土壤有机碳监测系统

⑤

⑥ 可持续土壤管理协议
全球土壤有机碳–MRV协议

监测、报告与核查（MRV）

　　"全球土壤再碳化倡议"是FAO的一项创新举措，旨在通过维持和提高土壤有机碳储量来促进土壤健康（粮农组织政府间土壤技术小组，2021）。该倡议可释放土壤有机碳潜力，通过关键的生态系统服务带来多重益处。健康的土壤不仅有助于改善粮食安全和提高农业收入，还可减少贫困和营养不良现象，同时提供基本的生态系统服务。此外，健康的土壤还可促进可持续发展目标的实现，有助于应对气候变化，并能增强土壤在极端气候事件和流行病冲击下的韧性。黑土是生产力最高的富碳土壤，土壤有机碳储量占全球总量的8.2%，土壤有机碳固存潜力占全球年固存潜力的10%（FAO，2022）。然而，黑土固碳潜力的全球分布并不均衡。例如，在欧洲和欧亚大陆，固碳潜力占土壤有机碳固存潜力的66%，而在拉丁美洲和加勒比地区仅占10%。因此，优先恢复并维持这些地区的土壤有机碳储量并避免流失显得尤为重要。可以通过国家层面实施"全球土壤再碳化倡议"等措施来实现，从而发挥这些宝贵的土壤在适应和减缓气候变化方面的潜力，并遏制温室气体排放。

　　资料来源：粮农组织（FAO）政府间土壤技术小组（ITPS），2021。全球土壤再碳化——推荐管理实践技术手册。罗马：FAO。https://doi.org/10.4060/cb6386en

3.3.2 土壤侵蚀

土壤侵蚀被公认为全球范围内最严重的威胁，造成发达地区水质恶化、众多发展中地区作物产量下降（Montanarella等，2016）。在南美、北美、东欧和中国东北等以黑土为主或以黑土与其他土壤共同为主的地区，土壤侵蚀是第一大威胁（照片3.3.2）。

降雨和风力造成的侵蚀会降低所有土壤的质量，黑土也不例外（图3-7）。鉴于土壤侵蚀的严重程度（如深沟的形成和土壤的完全流失），过去10年间，在黑土区已开展了大量研究。土壤侵蚀过程主要由水力、风力和融雪引起。其中，坡耕地水蚀是土壤侵蚀的主要原因（Xu等，2010）。Ouyang等（2018）观察到，1979—2014年，由林业向旱地耕作制度的转变导致侵蚀损失从每年204吨/千米^{2}增加到421吨/千米^2（Ouyang等，2018）。为了控制这些损失，可以采取盆地耕作、等高耕作、鼠道犁耕作、保护性耕作，以及与梯田和带状耕作相结合的方法。此外，施用化肥或有机肥可以提高农作物产量（Liu等，2011）。

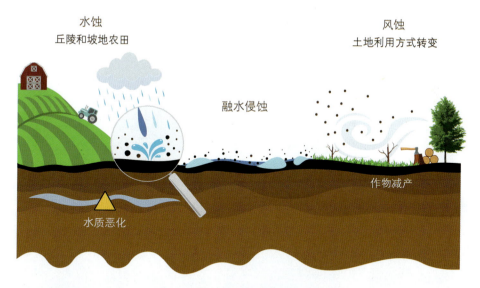

图3-7　黑土的主要土壤侵蚀过程
资料来源：作者提供。

Taniyama（1990）在日本发布报告称，在日本关东北部火山灰土地区，在土地利用方式从林地变为蔬菜种植园后的16年间，由水蚀导致的表土流失量为40～50厘米。日本针对土壤侵蚀采取的对策包括等高耕作、覆盖作物种植（以防止土地裸露）、绿化带种植及梯田种植等。日本农林水产省（MAFF）公布了土壤水蚀和泥沙控制的基本原则，即增强雨水渗透以减少地表径流水量、降低地表径流速度、建设排水管网以安全排出雨水并降低土壤可蚀性。

目前，阿根廷的潘帕斯地区90%以上的农田已采用免耕法种植，最近这一方法还在休耕期与"覆盖作物"种植相结合。免耕法的推广有助于减少土壤有机碳损失和土壤侵蚀。

风蚀主要影响半干旱和干旱地区的土壤，这些地区的植物覆盖率和有机质含量通常较低（Skidmore，2017）。气候变化周期中的干旱期会成为风蚀的诱因，即使在黑土中也是如此，20世纪30年代美国的沙尘暴就是例证（Lee和Gill，2015）。在乌克兰，水蚀和风蚀的共同作用造成了严重影响，导致年平均土壤流失量高达15吨/公顷。这意味着乌克兰的土壤覆盖层每年约损失7.4亿吨肥沃的表层土壤（Baliuk等，2010）。在乌克兰，受水蚀破坏的土地面积占总面积的32%，高达1 330万公顷。其中，450万公顷土壤遭受中度到重度侵蚀，另有6.8万公顷土壤的腐殖质层已经完全消失。超过600万公顷的土地长期受到风蚀影响，在沙尘暴频发的年份，受影响面积更是高达2 000万公顷。乌克兰受威胁最严重的地区可能是南部草原，这一地区以栗钙土和舌状石灰性黑钙土为主。南部草原区每年发生沙尘暴的天数为159天，北部和中部为88天，森林草原地区约为33天（Baliuk等，2010）。

照片3.3.2a 中国辽宁省的土壤风蚀

照片3.3.2b 坦桑尼亚利特里（Laetoli）峡谷的土壤水蚀

照片3.3.2c 俄罗斯黑土遭受的流水侵蚀

16 | 骇人听闻的沙尘暴

© NOAA George E. Marsh Album

这一系列沙尘暴发生于20世纪30年代，是美国历史上规模较大的沙尘暴之一（History，2020）。沙尘暴始于南部大平原，由集约化耕作及不良农业实践引发，并与持续一段时期的严重干旱有关（History，2020）。这片地区的土壤侵蚀和荒漠化引发了大规模的沙尘暴，影响了俄克拉荷马州、堪萨斯州、得克萨斯州、新墨西哥州和科罗拉多州（得克萨斯州和堪萨斯州存在黑土区），并波及华盛顿特区和纽约州等城市（Findmypast，2015；美国土壤学会，2015）。1934—1935年，南部大平原地区流失了约12亿吨土壤（《不列颠百科全书》，2022）。这一系列沙尘暴造成了多种不利影响，如呼吸系统疾病导致人畜死亡，农田无法耕作，饥饿和贫困在多州蔓延（美国土壤学会，2015）。许多人迁移到加利福尼亚等其他地方以逃避干旱和沙尘，并寻找工作（Findmypast，2015）。在这场巨大的灾难之后，美国土壤保护局（后更名为美国农业部自然资源保护局）成立，以鼓励农民采取减缓侵蚀的策略，实施可持续管理措施，如少耕、作物留茬、带状耕作和轮作，以保护土壤并最大限度地减少侵蚀（美国土壤学会，2015）。荒漠化威胁着世界各地的大片土地，影响波及包括美国在内的100多个国家（美国土壤学会，2015）。

资料来源：History，2020。沙尘暴。收录于HISTORY。引用日期：2022年6月6日。https://www.history.com/topics/great-depression/ dust-bowl

© ESA

3.3.3 土壤养分失衡

土壤养分失衡包括养分不足和养分过剩。Montanarella等（2016）认为，养分失衡是北美面临的第二大威胁，是非洲大部分地区面临的第三大威胁（图3-8），这些地区都是黑土分布较为明显的地区。

在粮食安全问题最为严重的热带和亚热带地区，土壤贫瘠，需要增加氮肥和磷肥的施用量。由于缺乏养分补给，阿根廷潘帕斯草原的土壤养分水平下降，许多地方的土壤肥力耗竭。由于经济原因，化肥的施用和土壤测试在阿根廷历史上并不普遍，氮、磷、钙、镁和锌等养分水平均有所下降（Rubio等，2019；Lavado和Taboada，2009）。俄罗斯（Grekov等，2011；Medvedev，2012）、乌克兰（Balyuk和Medvedev，2012）和巴西（Rezapour和Alipour，2017）等地的黑土养分储量也显著下降。

全球其他黑土区，氮肥施用过量和作物氮肥利用率下降导致的农业面源污染急剧增加（Ju等，2004）。营养过剩通常源于大量施用含氮和磷的合成肥料和有机肥料，从而带来污染风险以及由此引起的地下水和地表水富营养化（图3-8）。

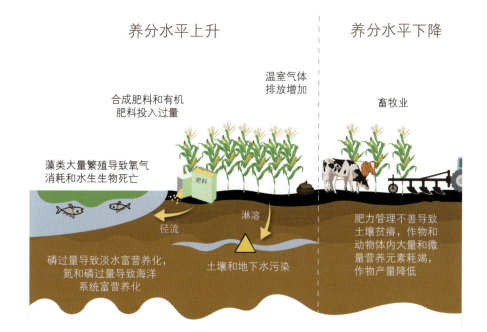

图3-8　土地集约化利用方式作为触发因素对养分失衡的影响

资料来源：作者提供。

土壤磷受到与土壤矿物质和有机质相互作用的强烈影响。在全球范围内，作为化肥（14.2百万吨/年，以磷计）和有机肥（9.6百万吨/年）添加的磷总量超过了收获作物去除的磷总量（12.3百万吨/年）（Zang等，2017）。然而，全球近30%的耕地，特别是欧洲和南美洲的耕地，土壤磷含量不足，无论是总量还是作物可吸收量均不足。在生产牲畜饲料的饲用作物种植区，土壤磷缺乏十分普遍（MacDonald等，2011）。而另一方面，在许多黑土区，相对于作物对磷的吸收利用，磷肥施用过度，导致磷过剩情况加剧［＞13千克/（公顷·年），以磷计，余同］。磷过剩与氮过剩同样会产生淡水和海洋生态系统富营养化风险（Dodds和Smith，2016；Ngatia等，2019）。在日本，化肥的过度使用导致火山灰土养分失衡、旱地土壤中钾积累过量、镁钾比偏低（日本土壤保持研究项目全国委员会，2021）。旱地土壤中有效磷的含量往往高于政府建议的标准（日本土壤保护研究项目全国委员会，2021）。

3.3.4　土壤压实

土壤过度压实是田间重型机械高强度作业的直接后果（图3-9），也是土壤有机质含量下降和团聚体稳定性降低导致土壤敏感性高的直接后果（Gupta和Allmaras，1987；Montanarella等，2016）。土壤压实表现为土壤容重和土壤贯入阻力的增大、土壤孔隙度和水分入渗率的降低，以及其他土壤性质的变化（Gupta和Allmaras，1987；Liu等，2010），对作物产量有重要影响（Liu等，2010；Peralta、Alvarez和Taboada，2021）。有大量证据表明，黑土存在土壤压实和物理退化问题。经过75年的耕作，俄罗斯黑土中水稳定团聚体减少了27%，黏土含量也下降了27%（Balashov和Buchkina，2011）。在乌克兰，土壤物理退化更为严重，降幅达到了40%，许多土壤都有压实层（Balyuk和Medvedev，2012）。同样，集约化耕作和夏季休耕也造成了加拿大草原土壤退化，导致土壤表层结构不佳（加拿大农业与农业食品部，2003）。巴西的情况也大体如此，与林地相比，耕作黑土的容重要高14%～20%，孔隙度要低10%～22%（Rezapour和Alipour，2017）。

乌克兰的所有黑土分布区几乎都出现了土壤退化现象。这是农田过度耕作（78%）等多种因素造成的（Medvedev，2012；Yatsuk，2015；Yatsuk，2018；《2018年乌克兰环境状况国家报告》，2020）。由于土壤结构欠佳，集约化机械耕作导致了大面积的物理退化。土壤物理退化表现为上层土壤遭到破坏、翻耕、翻浆和结皮后土壤呈块状（土块），并出现犁底层和底层土壤压实等现象。土壤物理退化后容易受到侵蚀，保水性能差，从而限制了植物根系的发育（Baliuk等，2010；Medvedev，2012）。此外，乌克兰当前的气候变化趋势（干旱和变暖）已经导致自然气候带向北移动了100～150千米，给荒漠化

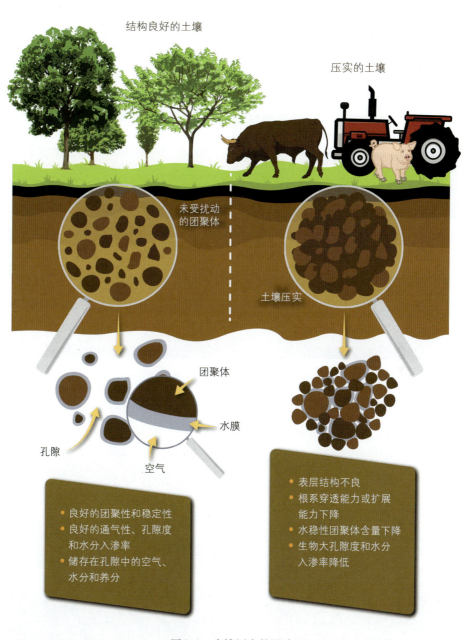

图3-9　土壤压实的影响

资料来源：作者提供。

带来了新的威胁（Zatula和Zatula，2020）。早在20年前，人们就已经清楚地追踪到了上述变化过程（Pylypenko等，2002）。

土壤压实不仅仅是耕作的后果，即使在持续保护性耕作方式下，也会反复观察到这种现象（Peralta、Alvarez和Taboada，2021）。在这种情况下，这一过程会影响顶层土壤，促进长休耕期的作物轮作中形成平面团聚体和土壤孔隙（Alvarez等，2014；Peralta、Alvarez和Taboada，2021）（照片3.3.4）。

照片3.3.4 中国吉林省重型机械造成的土壤压实

此外，在哥伦比亚，焚烧、过度放牧、耕作和用养分更高的草种替代天然草种都显著影响了哥伦比亚高沼地的水分平衡（Sarmiento和Frolich，2002）。放牧和耕作通常会伴随着土壤压实和土壤结皮等现象，这会改变高沼地的入渗率、储水和调节能力。

阿根廷的潘帕斯地区的土壤就是土壤物理退化后果的例证。连续耕作已经导致土壤封闭、压实等土壤物理退化，加剧了水蚀作用。自开垦以来，潘帕斯草原地区的土壤，特别是潘帕·翁达拉达次区域的土壤，已经平均损失了50%的原始有机质，同时，表层土壤的总磷含量将会下降80%（Sainz-Rozas、Echeverria和Angelini，2011；Lavado，2016）。

3.3.5　土壤盐碱化

盐碱化是一系列相关的过程，由自然（原生）和人为（次生）过程共同导致（图3-10）。黑土盐碱化原因：①土地利用变化（如一年生作物取代森林、草地和牧场等多年生植被）或气候变化（使地下咸水上升到地表）导致的水分失衡（Taboada等，2021）；②使用中高度含盐量的灌溉水（Choudhary和Kharche，2018；Bilanchyn等，2021）。在这两种情况下，土壤pH、电导率和可交换钠百分比的升高都会降低黑土的质量。然而，土壤和肥料管理不当导致的人为盐碱化是黑土地区面临的主要挑战。据研究，俄罗斯的灌溉土壤发生了次生盐渍化，同时富含腐殖质的土层厚度减少（Grekov等，2011；Medvedev，2012）。在其他情况下，黑土的土壤盐碱化与膨胀-收缩过程有关，而土壤表面并未呈现盐碱地特征（Choudhary和Kharche，2018）。

3.3.6　土壤酸化

黑土酸化最常见的原因是作物过度吸收交换性盐基（钙、镁、钾），而未能得到充分补充，或是施用氮肥的结果（图3-11）。酸化仅在大洋洲被视为第一大威胁。然而，在乌克兰切尔卡瑟和苏梅地区，经过40～50年的耕作后，土壤pH下降了0.3～0.5个单位（Grekov等，2011；Medvedev，2012）。在中国东北黑土区，2005—2014年，由于集约化耕作系统中过

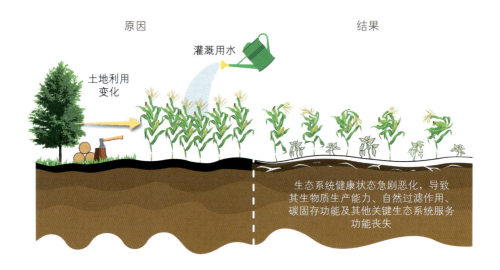

图3-10　人为因素引起的盐碱化对土壤造成的影响

资料来源：作者提供。

度施用氮肥，土壤酸化趋势明显（Tong，2018）。值得注意的是，在中国的农田中，氮引起的酸化与土壤有机质的累积（Zhang和Liu，2020）以及土壤无机碳的大幅减少有关（Raza等，2020）。日本的火山灰土可能会出现与酸化有关的养分问题。一般来说，各种硅质火山灰土原本呈弱酸性，种植在这些土壤上的作物通常不会出现铝中毒现象。然而，在大量施用化肥后，此类土壤会呈强酸性（Fujii、Mori和Matsumoto，2021）。强酸性火山灰土中积累的酸性物质会溶解土壤中部分活性铝组分，导致铝中毒，从而使对铝敏感的作物根系较浅（Fujii、Mori和Matsumoto，2021）。此外，强酸性火山灰土的土壤生产力低于原始弱酸性土壤，例如，细菌数量减少（如从弱酸性土壤中的160×10^6菌落形成单位/克减少到强酸性土壤中的10×10^6菌落形成单位/克），并且土壤中易矿化的氮含量也会降低（Matsuyama等，2005）。解决此类养分失衡问题，需要根据土壤诊断结果合理使用土壤改良剂（日本土壤保护研究项目全国委员会，2021）。

3.3.7　土壤生物多样性丧失

土壤生物多样性与土壤科学的其他领域不同，人们对其仍然知之甚少，并未充分了解人类活动对生活在土壤中肉眼看不见的微生物和土壤动物多样性所产生的影响。土壤生物的形态多样性极为丰富，但目前对其了解十分有限，尤其是对于微生物而言。这种生物多样性的例子包括细菌（a）、微生物真菌子实体（b、c）、病毒（d）、藻类（e）、原生生物（f）、线虫（g）、螨虫（h）、跳虫（i）、线蚓（j）、蚯蚓（k）、粉蚧（l）、白蚁（m）、蚂蚁（n）和哺乳动物（o）等（图3-12）。

多数黑土在演化过程中都促进了草原植被的繁茂生长，在优势草种的纤维根系周围形成了良好的根际环境（Tisdall和Oades，1982；Oades，1993）。这些草原的特点是植物群落种类繁多，土壤生物（从微生物到大型动物）极为丰富，在提供碳固存、养分（碳、氮、磷、硫）循环、持水、营养食物供给等基本生态系统服务方面发挥着关键作用。

将黑土地上覆盖的草原转变为农作物种植区的一个后果就是原有生物多样性大量丧失，这些变化在很久之前就悄然发生，具体的丧失程度尚不清楚。这些土壤难以恢复到原始或接近原始的状态，因此，如何恢复至少一部分已经大量丧失的生物多样性成为未来的挑战之一。

Wagg等（2014）在一项实验中研究了土壤生物多样性减少对土壤功能的影响。在草地微宇宙实验中再现了广泛的土壤生物多样性梯度（图3-13）。在该梯度内，去除了一些土壤生物群落（线虫和菌根真菌），且

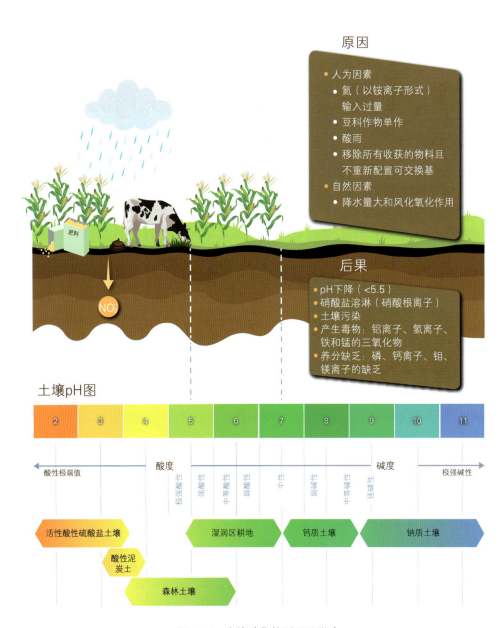

原因

- 人为因素
  - 氮（以铵离子形式）输入过量
  - 豆科作物单作
  - 酸雨
  - 移除所有收获的物料且不重新配置可交换基
- 自然因素
  - 降水量大和风化氧化作用

后果

- pH下降（<5.5）
- 硝酸盐溶淋（硝酸根离子）
- 土壤污染
- 产生毒物：铝离子、氢离子、铁和锰的三氧化物
- 养分缺乏：磷、钙离子、钼、镁离子的缺乏

土壤pH图

| 2 | 3 | 4 | 5 | 6 | 7 | 8 | 9 | 10 | 11 |

酸度 　　　碱度

酸性极端值 酸度 碱度 极强碱性

极强酸性 强酸性 中等酸性 弱酸性 中性 弱碱性 中等碱性 强碱性

活性酸性硫酸盐土壤

酸性泥炭土

森林土壤

湿润区耕地

钙质土壤

钠质土壤

图 3-11 土壤酸化的原因及影响

资料来源：作者提供。

图3-12　常见土壤生物多样性群落概览

资料来源：作者提供。

17 | 战争与土壤污染之间有何关系？

使用武器给土壤退化和土壤污染带来了严重风险，特别是机械化和现代化武器技术的使用。武装冲突造成的常见污染源包括以下污染物：

污染来源	土壤污染物
常规炸药	三硝基甲苯（TNT）、黑索金（RDX）、奥克托今（HMX）
弹壳碎片、子弹、弹药筒和霰弹	铜、铁、铅和锌
穿甲弹	贫铀
燃烧武器	白磷和凝固汽油

土壤污染可能来自硝基芳香族爆炸性化合物的使用（粮农组织和环境署，2021）。这些化合物持久性强，一旦进入土壤，往往会长期残留，危害当地生物群落，损害土壤健康和肥力。使用含有白磷的燃烧武器所产生的负面影响来自其所含有的污染物和燃烧残留物。这类武器可能造成微量元素、碳氢化合物、有机溶剂、表面活性剂、合成酚、氰化物、二噁英和放射性核素等污染土壤，从而导致土壤肥力降低、作物减产，并对人类健康和环境构成威胁。贫铀可以渗透到深达50厘米的土壤中，而人们对贫铀所做的研究却少之又少。贫铀产生的粉尘会四处扩散，造成大面积土壤污染。据研究，贫铀粉尘的扩散范围可达40千米。贫铀弹爆炸后，这类粉尘会以不同大小的氧化贫铀碎片以及氧化铀粉尘的形式沉积在地面和其他物体表面。

土壤污染的来源多种多样，涵盖了从第一产业到日常生活产品生命周期的最后阶段。因此，为防止和减少武装冲突造成的土壤污染，必须加大力度减少弹药中有毒化学品的使用与生产，管控相关产业，并核查其排放物会不会污染环境，推动生产和消费系统朝着更可持续的方向发展，从而减少废物的产生。

资料来源：粮农组织与联合国环境规划署，2021。土壤污染全球评估：政策制定者摘要。罗马：FAO。https://doi.org/10.4060/cb4827en

© Adobe Stock

真菌和细菌群落的丰度与多样性也随之降低。随着土壤生物多样性的降低和土壤群落的简化，植物物种多样性也显著下降。这验证了之前的研究结果，即植物群落的组成取决于不同土壤生物群落的多样性和物种组成。正如此前的预期（在实际例子中也被多次印证），碳固存也随着梯度的变化而减少。土壤生物多样性和土壤群落组成的变化也影响与养分循环相关的过程。

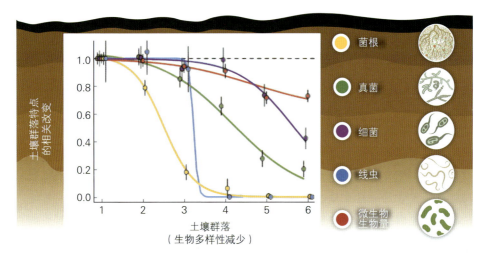

图3-13　草地群落中各种土壤生物群落特征（丰度与多样性）的变化

资料来源：Wagg，C.，Bender，S. F.，Widmer，F.，Van Der Heijden，M.G.，2014。土壤生物多样性和土壤群落组成决定生态系统的多功能性。美国国家科学院院刊，111（14）：5266–5270。https://doi.org/10.1073/pnas.1320054111。

注：平均值±标准误（SEM）以最完全的土壤处理（虚线）为比例表示，其中0表示未检测到。彩色线条突出显示了土壤群落特征沿梯度变化的总体趋势。

在实地观测中也发现了因耕作而导致的土壤群落简化现象。一项关于中国北方黑土的研究（Gao等，2021）为节肢动物群落（蜘蛛、蚂蚁和步行虫等）的变化提供了宝贵实例。由于集约化农业生产，当地物种丰富度和生物多样性更加简化。

有证据可以充分证明，土壤生物影响土壤团聚体的形成。黑土的表土结构呈现一种团聚体大小的层次性，这种层次性取决于极为丰富的生物多样性。

事实上，土壤大团聚体和土壤团块（单位大于250微米）的稳定性取决于土壤根际分泌的胶结剂的黏结机制以及细根和菌根的缠绕作用。土壤中孔（直径0.2～30.0微米）和大孔（直径大于30微米）是许多微生物和微型动物的栖息地，这些微生物和微型动物共同构成了土壤生物多样性（Degens，1997；Kay，1990；Chantigny等，1997）。保护团聚体中的土壤有机碳是提高碳含量以实现碳固存的关键因素。

3.4 挑战

黑土面临的挑战源于其在农业和畜牧业领域对粮食和纤维生产的关键作用。如前所述，黑土面临的主要威胁包括水蚀、耕作、风蚀、土壤有机碳和有机质流失以及养分失衡。此外，物理结构退化也不容忽视，在某些地区还出现了土壤盐碱化、过量施用化肥农药造成的污染以及城市扩张导致的土壤封闭等问题（粮农组织和政府间土壤技术小组，2015；Montanarella等，2016）。

土壤退化的主要动因包括土地利用变化、土地管理不当、不可持续的管理方法以及缺乏配套政策。

根据粮农组织政府间土壤技术小组（2015）的报告，在人口最脆弱或粮食生产至关重要的地区应尽量减少土壤退化并修复退化的土壤；应稳定或增加全球土壤有机碳和土壤有机质的储量；应采取措施稳定或减少全球氮肥和磷肥的使用量，同时在土壤养分匮乏的地区增加肥料的使用量。

3.4.1 土地利用变化和土地管理

预计粮食需求将持续增长，因此到2050年，作物产量需要增加70%～110%（伦敦皇家学会，2009；Tilmanet等，2011）。黑土非常肥沃，在提高作物产量及缩小产量差距的过程中将发挥重要作用。实现这一目标，关键在于实现当前生产系统的可持续集约化，而不是将农业扩展到森林和牧场（Fischer和Connor，2018；Guilpart等，2017）。许多地区的黑土具有很高的环境价值，应将保护和恢复大量碳储量纳入整体土壤修复计划，以监测、修复和保持土壤肥力及土壤功能，并加强这些土壤提供的关键生态系统服务（Smith等，2016）。

近年来，一个成功的案例是中国农业农村部、科学技术部、自然资源部和东北四省份积极落实了一系列保护和改良黑土的措施。这些措施包括建设高标准农田、水土保持、土壤测试、配方施肥、增加土壤有机质、保护性耕作（少耕和免耕）、深松缓解土壤压实、整地、秸秆还田、增施有机肥等（Li等，2021）。黑土保护利用的综合目标是控制黑土流失与退化、保水保肥（Han等，2018）。

采用修复性土地利用方式和推荐的管理做法是加强黑土提供的多项

生态系统服务的关键所在，如改善水质、提高可再生性、增加地下和地上生物多样性，增强土壤对气候变化和极端事件的适应能力，以及通过土壤固碳和减少二氧化碳、甲烷和一氧化二氮的排放来减缓气候变化（Lal，2014）。

3.4.2　不可持续的管理实践

就黑土而言，不可持续的管理做法将导致土壤面临一系列主要威胁，如土壤侵蚀、土壤有机碳和有机质流失、养分失衡及土壤盐碱化。在农业管理中，这些做法通常包括使用犁铧、圆盘犁和耙等进行的过度耕作、单一栽培、未使用化肥补充养分及移除草地。过度放牧和不合理的放牧制度是草场退化的最常见原因。农药残留物造成的土壤污染是土壤退化的主要原因（Smith等，2016）。

中国黑龙江省赵光农场的黑土

3.4.3 气候变化与黑土

气候变化与黑土的状况息息相关。一方面，气候变化会对黑土产生负面影响。例如，黑土区气温升高和降水减少之间的相互作用导致土壤有机质积累减少，从而导致土壤肥力下降（Gong等，2013）。另一方面，不可持续的黑土管理做法导致土壤有机碳流失，并向大气排放温室气体，加剧了气候变化。针对黑土的研究结果表明，有机质改良和耕作管理可以提高土壤质量，从而减轻气候变化对作物生产的负面影响，并发挥积极影响（Song等，2015；Menšík等，2019；Farkas等，2018）。但遗憾的是，由于管理和经济方面的诸多障碍，这些做法并未得到地方政府和农民的广泛采用。为抵消人为排放及实现土壤有机碳固存，应将退化黑土的修复工作放在重要位置，并纳入全球气候变化议程（Lal，2021）。

3.4.4 政策缺位

大片黑土存在于土壤治理水平较低的国家，或已经制定水土保持相关的法律法规但执行不力的国家。毫无疑问，对于这些国家而言，政策缺位是保护农用黑土质量和健康的一项重大挑战，进而也对保障粮食安全构成了重大挑战。

黑土恢复或修复措施的实施主要取决于良好的治理（对于北美洲地区而言）和可利用的财政资源。上述因素限制了可持续管理办法在所有受影响国家的实施，但主要是在发达国家的实施。然而，问题在于，大多数粮食不安全问题并非存在于较发达国家，而是存在于欠发达国家和地区。这是实现可持续管理面临的主要挑战，不仅对于黑土而言如此，对于世界所有高产土壤来说都是如此。可持续的土壤管理能够增加健康食品的供应。

4　黑土的可持续管理：从实践到政策

4.1　加强黑土可持续管理的良好实践

　　未来几十年，人类面临的一项重大挑战是如何在满足粮食需求的同时，又不进一步破坏地球环境系统的完整性。作为"世界的食物篮子"，黑土的利用方式已从自然生态系统转变为耕作农田，而这种转变导致黑土出现严重退化，此外，水蚀、风蚀、土壤有机碳（SOC）和土壤有机质（SOM）的流失、养分失衡等土壤主要威胁将进一步破坏黑土的生态系统服务功能。例如，过往几十年，土壤侵蚀、土壤退化和其他不可持续的人类活动导致黑土的初始土壤有机碳储量损失了约50%（Gollany等，2011）。为了应对上述威胁，人们愈发重视"可持续土壤管理"，以此作为保持黑土肥力或提高（肥力欠佳的）黑土生产力的手段，同时也降低了土壤管理实践带来的环境影响。然而，目前尚不明确这些努力对黑土保护的综合管理实践和政策战略的未来意义。本报告对黑土可持续管理实践进行了全球评估，这些实践措施对提高作物产量、减少环境影响必不可少。

4.1.1　耕作

　　为了减少耕作和播种对土壤健康的影响，必须降低耕作频率（造成土壤扰动的田间作业次数）和耕作强度（单次作业扰动的土壤量）。传统耕作（CT）通常会使用铧式犁或圆盘犁对土壤进行彻底翻耕，然后在播种前进行几轮耕作作业。例如，由于黑土颗粒较细，使用铧式犁（MP）的传统耕作方式已经导致黑土地区土壤有机碳损失和土壤结构出现严重退化（Sun等，2016）。大量耕作相关研究都对比了不同耕作系统下的物理和化学过程，并发现保护性耕作增加了土壤含水量、土壤孔隙度和土壤有机碳含量，并降低了土壤容重。目前已经开发了一系列耕作和播种系统来降低耕作强度和频率，其目的是保持和改善土壤健康状况，稳定及提高作物产量。保护性管理制度下的耕作和播种系统大致可分为三类：免翻耕（Non-inversion Tillage）、带状耕作（Strip tillage）和免耕（No-till）。从免翻耕（轻度土壤扰动）到带状耕作再到免耕（无土壤扰动），耕作强度和耕作频率逐渐降低（Morris等，2010）。还需要认识到，必须将辅助性农艺措施与耕作、播种管理实践结合在一个综合系统中配套使用，以更好地保护和养护黑土（Freitas和Landers，2014；Veum等，2015；Nunes等，2018）。

免翻耕（Non-inversion Tillage）

方法描述

免翻耕（轻度土壤扰动）是一种作物生产系统：将整个行内和行间区域的作物残茬与表层8～10厘米的土壤相混合（Hayes，1985；Morris等，2010）。土壤表面在一年中会留下一层保护性的作物残茬。采用中耕机、凿式整地机、圆盘犁、残茬覆盖、旋耕机等耕作方式及类似方式都属于免翻耕（照片4.1.1a）。

18 | 中挪国际合作项目 Sinograin II：气候变化下支持环境友好型粮食生产和粮食安全的技术创新及其对中国和挪威合作的机遇与挑战研究

黑土项目实施，中国哈尔滨，2022 年 5 月

    Sinograin II 是中国和挪威之间开展的国际合作项目，旨在利用智慧农业技术提高中国农业的可持续性。中国东北地区的黑土异常肥沃，主要用于粮食生产（Dybdal，2019，2020），被誉为"耕地中的大熊猫"。然而，集约化农业生产、缺乏可持续土壤管理实践和过度使用化肥等因素已经导致黑土肥力下降。来自挪威生物经济研究所（NIBIO）、中国农业科学院（CAAS）、黑龙江省农业科学院（HAAS）、南京农业大学的科学家和其他中方合作伙伴正在联合实施 Sinograin II 项目。该项目由挪威外交部资助，总预算为 1 880 万挪威克朗，旨在应用创新技术，为中国的粮食安全和环境作出贡献。Sinograin II 项目的研究内容主要包括：精准氮管理技术、用于提高农药利用率的病虫害自动预测技术、创新型农业技术的影响、有助于实现粮食可持续生产的养分投入管理、农业技术推广以及精准农业技术入户及其经济、社会和环境影响的相关研究。目前，正针对黑龙江省的黑土开发一种有效的数字土壤健康卡（SHC）。该卡便于农民使用，可提供各种土壤健康信息，如土壤结构和土壤中蚯蚓数量等参数。农民借助该卡提供的信息，可以就不同农场的养分和肥料需求作出决策，提高作物产量，并同时保持土壤健康。这种基于应用程序的土壤健康卡目前正处于研发阶段，预计不久将投入测试。上述气候智慧型工具的研发与利用可以促进并助力黑土的保护、修复和可持续管理。

照片4.1.1a　乌克兰希罗科耶（Shirokiv）的免翻耕作物种植

适用范围

该技术适用于多种气候条件和农作物，如黑土地上的大豆和玉米等。该技术还具有潜在应用性，适用于所有气候区和气候带（如温暖带干旱区、温暖带湿润区、冷温带湿润区及热带湿润区）的农作物。

产生的益处

研究发现，与传统耕作相比，免翻耕可以改善土壤的诸多物理、化学和生物性质（Holland等，2004）。例如，在中国东北温带黑土区进行玉米单作时，免翻耕减少了土壤侵蚀（Sun等，2016）。此外，免翻耕与玉米—大豆轮作相结合还增强了土壤的微生物代谢活性，提高了耕作层中的真菌/细菌（F/B），并改善了表层土壤微生物的生物质和丰度（Sun等，2016）。氨基糖也是研究土壤微生物残留物的重要指标，研究表明，传统耕作方式下土壤中较高的氨基糖含量更有助于提高黑土土壤有机碳的长期稳定性（Sun等，2016）。上述做法对于解决土壤侵蚀、土壤有机碳损失、生物多样性丧失以及土壤压实等问题尤为重要。

采纳的建议与潜在障碍

免翻耕与传统耕作相比可以减少土壤侵蚀，但如果在农作物播种季节之间多次进行耕作作业，且土壤表面的作物残茬很少，则黑土将得不到充分保护，可能导致土壤退化。

免耕（No-till）

方法描述

免耕（无土壤扰动）是指前茬作物收获后，在未经翻耕的苗床上直接种植作物。这是全球黑土区的普遍做法，也称为"零耕作"，属于保护性农业范畴。免耕法包括一次性种植和施肥作业，在此过程中，土壤和地表残茬所受的扰动程度最低。免耕只需在地面开出一条狭窄（2～3厘米宽）的条带或小孔播撒种子，确保种子与土壤之间的充分接触，除此之外，无须进行任何播种和施肥前的机械苗床准备。整个土壤表面被作物残茬、覆盖物或草皮覆盖。在该系统中，地表残茬对于水土保持至关重要。杂草通常使用除草剂来防除，有时也通过覆盖作物和轮作来控制（Derpsch，2003）（照片4.1.1b）。

照片4.1.1b　阿根廷潘帕斯草原采用免耕方式的玉米种植

适用范围

在黑土区，特别是在北半球干旱地区的草原上，免耕被广泛用于保持土壤水分及控制土壤侵蚀（Derpsch等，2010）。南美洲的潘帕斯地区也采用了类似的做法进行粮食种植，而控制土壤侵蚀是该地区的一个额外目标（Díaz-Zorita、Duerte和Grove等，2002；Alvarez等，2009）。研究还表明，保护性耕作可以促进稳定性团聚体的形成，并有助于改善中国东北地区的黑土结构（Fan等，2010）。另外，最近的一项研究对巴西的保护性农业和土壤侵蚀控制状况进行了评估，预计到2030年，采用保护性农业（包括免耕）方法耕作的农田面积将持续增加（Polidoro等，2021）。在巴西南部黑土区的一年生作物种植中，免耕法的采用率呈指数式增长，在巴西热带稀树草原生物群落区，免耕法在作物轮作系统和林草复合系统中也得到了广泛应用。

产生的益处

传统耕作方式，如使用铧式犁和圆盘犁进行连续翻耕及清除作物残茬，已经导致部分黑土区的土壤有机质显著流失、土壤严重退化（Follett，2001；Alvarez等，2009）。持续的土壤退化已经威胁到农作物可持续生产，甚至威胁到国家粮食安全（Liu等，2010）。为了有效地扭转黑土的退化状况，政府建议农民采用免耕法替代部分传统耕作方式。免耕对土壤健康参数的积极影响已得到广泛证实，如可大幅减少土壤侵蚀和燃料消耗，降低二氧化碳排放量，提高水质、生物活性、土壤肥力及保持产量稳定性（Pretty，2008；Derpsch等，2010；Lafond等，2011a）。研究还显示，在采用免耕方式后，黑土团聚性更好、土壤有机碳含量更高、可矿化氮的含量更丰富（McConkey等，2003；Pikul等，2009；Malhi等，2009；Lafond等，2011b）。根据Lafond等（2011b）的观察结果，长期（31年）免耕条件下作物的氮吸收量和产量均超过短期（9年）免耕条件下，这表明即使在9年后，甚至在31年后，免耕土壤仍可能处于土壤形成阶段。在中国东北黑土区，由于免耕实践中真菌介导的团聚体稳定作用，免耕土壤中土壤有机碳保留能力更强（Ding等，2011）。Merante等（2017）发布报告称，在不同国家和地区，零耕作和直接播种（也称免耕播种）每年可使土壤有机碳增加0.04～0.45吨/公顷（以C计，余同）。同时，微生物生物质、线虫丰度及其在团聚体内微生态位的群落组成变化，可能有助于增加免耕条件下土壤有机碳固存（Zhang等，2013）。

免耕对作物产量的影响因作物种类和天气条件而异（Malhi和Lemke，2007）。在干旱条件下，免耕通常会提高作物产量及水分利用效率，但在湿润条件下可能会导致产量下降（Azooz和Arshad，1998；Arshad，Soon和Arooz，2002）。然而，在巴西热带中纬度黑土区，免耕已被成功应用于农作物种植系统，该地区在种植季节开始时通常会遭遇侵蚀性强降雨（Freitas和Landers，2014）。此外，研究还表明，在转为农业用途的地区，通过采用基于豆科作物的轮作系统并结合免耕法，有可能减少温室气体的排放（Pillar，Tornquist和Bayer，2012）。使用除草剂的免耕系统可能会导致抗草甘膦杂草的生长，这主要发生在轮作频率较低的情况下（Johnson等，2009）。通过免耕对黑土进行可持续管理，可以有效应对土壤有机碳损失、生物多样性丧失、土壤侵蚀、压实和养分失衡等主要土壤威胁。

采纳的建议与潜在障碍

环境条件会限制免耕播种方式的有效性。如前所述，水分过多会使苗床和根区无法通气，这可能会带来问题。目前，人们对于这一通气期的时间长度尚不完全了解。显然，如果在播种期间苗床水分饱和，播种工作就会推迟、受阻。在温带或寒带黑土区，在玉米等作物发芽和出苗期，还会出现土壤温度滞后问题（Licht和Al-Kaisi，2005；Vyn和Raimbault，1993）。

在资源有限的种植系统中，免耕土壤可能需要较长时间才能达到平衡，释放与耕作后相似水平的养分。免耕条件下，氮矿化作用的减弱可能会在氮有限的情况下导致作物减产（Campbell等，2001）。目前，有机种植系统采用耕作方式控制杂草。

（免耕）带状耕作（No-till Strip Tillage）

方法描述

带状耕作是一种结合了免耕和全耕的耕作系统，用于种植行间作物（Nowatzki、Endres和DeJong-Hughes，2017）。这一方式在全球黑土区被广泛采用。进行带状耕作时，在作物残茬中开垦出15～30厘米宽的窄条带，而对行间区域则不进行扰动。在实际耕作时，通常在翻耕过的区域进行施肥。耕作带宽度与下一季农作物的播种行宽度相对应，种子可以直接播种到耕作过的土壤条带中。带状耕作通常在秋季收获后进行，也可以在春季播种前进行，通常需要借助全球定位系统（GPS）来开垦土壤条带并将作物播种到条带中（照片4.1.1c）。

照片4.1.1c　加拿大印第安黑德镇（Indian Head）的带状耕作

适用范围

带状耕作可应用于世界范围内的可耕地，尤其适用于地势相对平坦而排水不畅的黑土地。这种耕作方式需要借助特殊设备，并且可能需要农民进行多次条带耕作，具体取决于所使用的条带耕作工具和农田状况。

产生的益处

带状耕作可使土壤升温，创造有氧条件，并提供比免耕条件下更好的苗床。带状耕作可使土壤养分更好地满足作物需求，同时仍能保留行间土壤的残茬覆盖。带状耕作降低了土壤容重和土壤对根系生长的阻力，提高了生物孔隙数量和土壤水分入渗率（Laufer等，2016），还增强了土壤团聚体的稳定性（Garcia-Franco等，2018），在上述因素的共同作用下，土壤更不易受到侵蚀（Dick和Gregorich，2004）。相较于传统的耕作和播种系统，带状耕作在保护和养护黑土方面具有多项优势，同时还能保持行播作物的粮食产量。此外，保留耕作带之间土壤表面的作物残茬还有助于保持土壤有机质。综上所述，带状耕作可以解决土壤侵蚀、养分失衡及土壤压实等问题。

采纳的建议与潜在障碍

与传统耕作方式相比，早播可能导致土壤温度降低、植物出苗延迟和出苗减少，这种情况下条带耕作比免耕具有优势。在这些环境条件下，带状耕作消除了免耕播种对作物产量的负面影响（Licht和Al-Kaisi，2005）。免耕导致的减产现象仅出现在少数几种作物中，其中最主要的是玉米。因此，在以玉米为主要作物的黑土上，免耕法的推广受到了限制。

4.1.2　土壤有机覆盖

覆盖作物
方法描述

覆盖作物被定义为"在正常作物生产周期之内，或在果园树木之间和葡萄园藤蔓之间生长的密植作物，其作用是保护土壤和种子及进行土壤改良。覆盖作物被翻耕入土时，又可被称为'绿肥作物'"（美国土壤学会，2008）。覆盖作物也被称为"活地膜"或"绿肥"。在某些情况下，覆盖作物可以永久留在土壤上，构成活的土壤覆盖物。全球黑土区已种植了许多覆盖作物。覆盖作物通常是草类、豆类、芥属植物或两种及多物种的混合作物（Jian等，2020）。在加拿大曼尼托巴，苜蓿、红三叶草和冬豌豆一直是春播的接茬作物，在秋播的冬季谷物收获后进行种植（Thiessen Martins、Entz和Hoeppner，2005；Cicek等，2014；Blackshaw、Molnar和Moyer，2010）。在摩尔多瓦，草类、苜蓿、草原黑麦草和红豆草被当作覆盖作物混合种植，以改善土壤质量及提高作物产量（Leah和Cerbari，2015；Rusu，2017）（照片4.1.2a）。

照片4.1.2a 被作为覆盖作物的毛苕子，阿根廷萨尔托

适用范围

种植覆盖作物是可持续黑土管理的良好做法，并且需要适应耕作系统、黑土类型和气候。双茬种植（即在收获第一茬作物后种植第二茬作物），有助于利用经济作物收获后的季末水分和热量，包括一年生牧草及冬季谷物等在内的早熟作物，可以与覆盖作物进行双茬种植（Thiessen Martens和Entz，2001）。

产生的益处

与免耕相比，免耕覆盖作物每年每公顷可固定0.1 ～ 1.0吨土壤有机碳，具体取决于覆盖作物种类、土壤类型和降水量（Merante等，2017；Poeplau和Don，2015）。混合种植多年生草本植物（如苜蓿与黑麦草混种、红豆草与黑麦草混种）4 ～ 6年，可使土壤有机质含量发生积极变化，并对土壤的物理和化学性质产生积极影响（Leah和Cerbari，2015）。此外，采用覆盖作物系统可以调节土壤水分和近地表空气温度（Thiessen Martens、Hoeppner和Entz，2001；Kahimba等，2008）。这种效应对融雪渗透、霜冻深度、虫害周期和养分循环都有影响。与裸土轮作相比，覆盖作物管理增强了黑土的水分运输和水分保持能力（Villarreal等，2022）。在这种情况下，与阿根廷的潘帕斯地区暗沃土上的大豆单作系统相比，种植覆盖作物可能是一种更恰当的管理方式，因为这可以增加土壤水分输送量（Villarreal等，2022），达到恢复土壤的目的（Villarreal等，2022）。此外，其他研究报告称，在加拿大黑土水分过多的情况下，种植苜蓿、红三叶草和冬豌豆等覆盖作物可以降低土壤水分含量（Blackshaw、Molnar和Moyer，2010；Kahimba等，2008；Thiessen Martens、Hoeppner和Entz，2001）。覆盖作物有助于调节水分，因此，无论是在湿润年份还是在干燥年份，种植覆盖作物都会带来益处。所有相关研究都显示，种植豆科植物作为覆盖作物，可以提高后续作物的产量。此外，加拿大对冬季谷物进行的一项研究显示，苜蓿覆盖作物具有抑制杂草的作用（Blackshaw、Molnar和Moyer，2010）。在有机农业中，将饲料混合物作为覆盖作物可以减少肥料消耗，避免使用除草剂，这种做法具有积极的经济影响（Leah和Cerbari，2015）。综上所述，种植覆盖作物是一种可取的做法，可以解决土壤有机碳损失、生物多样性丧失、土壤压实及土壤养分失衡等问题。

采纳的建议与潜在障碍

在主要作物收获后，许多黑土区的降水量会变得极不稳定，因此很难连续种植第二茬作物（Thiessen和Entz，2001）。然而，在加拿大曼尼托巴省南部，研究人员经过数年研究，成功地在冬季谷物之后种植了第二茬作物，但生物量差异极大，双茬黑扁豆、毛苕子和豌豆的生物量从95千克/公顷到2 357千克/公顷不等，只有在少数情况下，生物质产量才能达到1吨/公顷（Cicek等，2014；Thiessen和Entz，2001）。晚季覆盖作物会影响土壤水分和微气候。例如，如果接下来的气候比较干燥，那么覆盖作物将与主要作物争夺可用水分，从而造成土壤水分胁迫，反过来又会影响作物的生长和产量（Kahimba等，2008）。

有证据表明，要实现覆盖作物的有效管理并使其对土壤质量和土壤生产力产生有益影响，关键是要制定一项涵盖所有相关部门的长期综合战略和计划。例如，在摩尔多瓦，草类、苜蓿、草原黑麦草和红豆草等多年生覆盖作物被广泛应用于提升土壤质量和饲料作物生产，然而，这一做法的实施前提是，至少需要15%的农业用地被用于恢复畜牧业和多年生牧草（Leah和Cerbari，2015）。

有机覆盖物

方法描述

有机覆盖物是指在土壤表面施用特定材料，以减少水分流失和土壤侵蚀（这是黑土管理面临的最大挑战），同时抑制杂草，减少溅蚀，调节土壤温度，并普遍提高作物产量。有机覆盖物包括任何散布或形成于土壤表面的材料，如水稻秸秆、树叶或松散的土壤等，其作用是保护土壤或植物根部使其免受雨滴、土壤结壳、冻结及蒸发等因素的影响（美国土壤学会，2020）。在摩尔多瓦，覆盖土壤的主要做法是在收获后，将植物残茬粉碎并均匀地撒在土壤表面，并将（无机或有机）氮肥施入6～10厘米土层深度。同时，应尽量推迟耕作时间，特别是在10月和11月（Rusu，2017）。在中国黑土区，将不同数量玉米秸秆作为覆盖物的免耕管理方案正在田间实施（Yang等，2020）（照片4.1.2b）。

照片4.1.2b　有机覆盖物，阿根廷拉希塔斯

适用范围

将作物残茬作为覆盖物的方法适用于任何类型的土壤气候环境。净初级生产力较高的黑土区拥有足够的玉米、大豆和小麦等作物残茬，可以保持土壤完全被残茬覆盖，因此在这方面所受限制较小。

产生的益处

将作物残茬用作覆盖物对土壤性质有多重益处。秸秆覆盖显著提高了土壤含水量和土壤有机碳含量，提高了土壤总养分含量及土壤微生物数量

(Deng 等，2021；Yang 等，2020）。此外，在乌克兰开展试验发现，覆盖物可有效减少土壤侵蚀，在暗沃土上采用少耕法并辅以2.5吨/公顷的覆盖物，可以增加有效水含量，减少径流高达3.8米³/公顷，并将春大麦产量提高1.6吨/公顷（Hospodarenko、Trus 和 Prokopchuk，2012）。该试验还表明，秸秆覆盖能显著抑制杂草生长，从而减少除草剂的使用（Sun 等，2016）。

在过去几十年里，由于土壤侵蚀、退化和其他不当管理，农田中暗沃土的碳平衡一直呈负值（Xu 等，2020）。在世界主要暗沃土区，与低频玉米秸秆覆盖相比，施用低量玉米秸秆并高频覆盖可显著提高作物产量及土壤有机碳、总氮、总磷和总钾含量，极大地促进了粮食生产和气候变化调节（Yang 等，2020）。通常情况下，有机覆盖物可有效应对土壤有机碳损失、土壤侵蚀和养分失衡等土壤面临的挑战。

采纳的建议与潜在障碍

保持低量高频率覆盖可以在不影响作物产量的同时有效促进土壤健康，并优化秸秆的使用。在秸秆量有限的情况下，采用少量多次添加的方式可以重建更稳定、更活跃的细菌群落，从而提高土壤肥力。因此，低量高频秸秆覆盖可有效改善土壤健康状况，从而促进再生农业的发展（Yang 等，2020）。

在特定的土壤气候条件下，作物残茬过量会对粮食产量造成不利影响。覆盖物可导致化感作用，这是一种常见的生物现象，即某种生物产生的生物化学物质会影响其他生物的生长、存活、发育和繁殖，从而抑制作物生长，降低土壤温度，阻碍作物的快速建植（Venterea、Maharjan 和 Dolan，2011），并加剧霜冻损害（Snyder 和 Melo-Abreu，2005）。

总之，为了在覆盖物利用方面取得突破，需要从跨学科视角，将科学研究与农民实践经验紧密结合，并推动有效合作，共同制定支持再生农业与未来可持续发展的政策（Sherwood 和 Uphoff，2000）。

4.1.3　养分管理

虽然黑土天生肥沃，土壤有机质含量普遍较高（FAO，2020），但有效的养分管理对于土壤健康、粮食安全和环境保护仍然至关重要。黑土中土壤有机质损失会导致氮、磷、钾等相关养分的流失。大片黑土也遭受酸化过程影响，流失了交换性盐基和锌等许多必需微量营养素。如果这些养分得不到补充，黑土的粮食生产能力可能会受到影响。养分管理包括尽可能高

效地利用养分，以提高生产力，同时保护环境。养分管理取决于土壤肥力、物理和生物条件以及气候条件，但养分管理的一个关键原则是平衡土壤养分输入与作物需求。从根本上来讲，实现这种平衡将提高生产力和农业盈利能力，同时最大限度地避免养分流失到环境中。众所周知，农业生态系统中的养分循环是生物因素（由生物控制的矿化作用）和非生物因素（包括气候在内的物理或化学因素）共同作用的结果。本书介绍了与黑土养分管理相关的一些主要问题和挑战。

有机肥料的施用
方法描述

有机肥料包括为生产肉类或其他产品而饲养的动物的排泄物，其化学成分取决于动物饮食及动物类型（如家禽、牛、羊、马和兔），有机肥料可能还包括被用作动物垫料的植物材料（如水稻秸秆）。有机肥料以液体（液体有机肥或泥浆）或固体（固体有机肥）形式存在，能为土壤添加必需的植物养分（统称为NPK的氮、钾和磷），改善土壤质量。虽然有机肥料部分替代无机肥料能够提高作物产量，但用其完全替代矿物肥料会对作物产量产生不利影响（照片4.1.3a）。

照片4.1.3a　施用有机肥料，中国哈尔滨市

适用范围

在世界各地的黑土区，施用有机肥的做法非常普遍，它不仅适用于不同的气候条件、作物类型，还常与其他技术相结合，例如添加合成肥料、采用不同的耕作方式及灌溉方式等。在中国，牲畜粪便和作物秸秆是有机肥原料的主要成分（Li、Liu和Ding，2016）。而在北美洲，来自市政和工业部门的生物固体和泥浆也被用作有机肥原料。

产生的益处

施用有机肥可降低土壤容重，增强团聚体稳定性，增加土壤有机质含量、磷含量，提高细菌和古细菌的多样性及土壤入渗性。有机肥还田是保持或增加土壤有机碳及其各组分含量的优选措施，可以提高黑土区的土壤质量和作物产量（Han等，2006）。长远来看，无论是单独施用有机肥，还是与矿物肥料结合施用，都会提高所有形态的磷（总磷、有机磷和矿物质磷）含量和土壤肥力。

塞尔维亚黑土的表层（表层为养分沉积区）磷含量和土壤肥力的提高表现得最为明显（Milić等，2019）。无机肥和有机肥的改良作用可改变土壤中的细菌和古细菌群落。在中国东北黑土中，施用无机肥和有机肥会增加土壤细菌和古细菌的多样性（Ding等，2016）。尽管已观察到，随着有机肥的施用，入渗量和阳离子交换量有增加的趋势，但施用有机肥不足以显著增加黑土的水分累积入渗量（Assefa等，2004）。

施用新鲜或堆肥后的有机肥可促进蔬菜、谷物和牧草的生长，并提高其产量。在中国黑土区北部，有机肥管理对于提高作物产量至关重要。就玉米和小麦生产而言，最佳的管理方式是施用化肥和有机肥而不进行灌溉；就大豆生产而言，则是施用化肥和有机肥并同时进行灌溉（Liu等，2004）。调查发现，在塞尔维亚黑土区，农家肥与无机肥结合施用对粮食产量有显著影响（Milić等，2019）。

施用有机肥可以改善土壤的物理条件，提高有机碳的可用性，从而为调节硝化作用和甲烷生成的微生物过程提供支持。例如，施用有机肥增加了土壤有机碳固存，使中国东北黑土中固定了更多的二氧化碳，进而减缓了温室效应（Han等，2006）。在乌克兰黑土中，豆类和绿肥在促进生物过程和增加氮供应方面发挥了重要作用，为乌克兰带来了经济效益和环境效益（Baliuk和Miroshnychenko，2016）。如果对有机肥加以可持续利用，就可以成功应对土壤有机碳损失、生物多样性丧失、养分失衡和土壤压实等威胁。

采纳的建议与潜在障碍

强烈建议在黑土区使用回收有机肥，并辅以适量化肥（Han等，2006）。施用有机肥对土壤化学和物理性质的影响因土壤类型和肥料类型而异。盐碱度评估应作为施肥土地监测方案的一部分，以确保长期反复施用有机肥不会对土壤质量和生产力产生不利影响（Assefa等，2004）。施用新鲜有机肥应慎重，因为新鲜肥料的快速分解可能导致土壤升温，进而损害植物根部。有机肥会增加土壤中的氮含量，可能导致一氧化二氮排放，但通过替代化肥，施用有机肥可以在一定程度上减少一氧化二氮的排放（Guo等，2013）。使用有机肥需要充足的储存场地及相应的机械设备，且需要避免水污染。需要慎重考虑有机肥完全替代合成肥料的做法，至少对于大规模农业生产而言是如此。

堆肥的施用

方法描述

"堆肥处理是指在受控的有氧条件下，微生物对有机物进行生物分解，将其转化为相对稳定的腐殖质状物质，这种物质被称为堆肥"。因此，在土壤上施用堆肥可以增加土壤有机碳并为土壤提供养分。制备良好的堆肥具有由稳定的团聚体和黏土–腐殖质复合体组成的腐殖质结构，可改善土壤结构（Misra等，2003）。通过堆肥处理，农场上的生物质可以被重新利用，从而有可能避免腐烂现象及作物残茬、粪便、树叶等产生的温室气体排放。堆肥可由各种不同的成分制成，如粪便、作物残茬、生物废料和厨余垃圾。堆肥方法在农民（尤其是小农户）中被广泛使用。堆肥方法多种多样，主要包括好氧堆肥和厌氧堆肥（Misra等，2003）（照片4.1.3b）。

照片4.1.3b　堆肥，中国吉林省

适用范围

堆肥方法适用于任何黑土气候区，但极寒或干旱环境除外。

产生的益处

堆肥有助于形成稳定的团聚体，进而改善土壤结构，还能调节土壤水分，增加黑土的土壤有机碳，提高土壤肥力及微生物和动物群落的多样性。在匈牙利，连续施用城市污泥堆肥为黑土添加了富含大量营养素（氮、钾和磷）且分解缓慢的有机物，同时还不会导致硝酸盐过量淋溶而进入地下水，从而改善了土壤养分状况（Farsang等，2020）。在日本，与施用化肥的处理和对照相比，施用堆肥复合肥混合物（CCFM）会使火山灰土和黑钙土中的微生物生物量变化更快。堆肥复合肥往往能促进这两种土壤中的植物生长，还可增加土壤碳储量，减少温室气体排放，特别是在火山灰土中（Sato等，2022）。在俄罗斯的黑钙土区，由农业废弃物（牛粪和植物残茬）和化肥（磷石膏）组成的复合堆肥改善了耕作层的团聚体结构，降低了土壤容重。

黑土的水分和空气特性也可得以优化，表现为田间持水量、总持水量、总孔隙度和土壤含水量的增加（Belyuchenko和Antonenko，2015）。就土壤生物多样性而言，施用堆肥显著提高了土壤肥力，同时对氨氧化细菌和反硝化细菌的丰度产生了积极影响。在中国东北黑土区，施用堆肥在塑造微生物群落组成和共现网络中发挥着至关重要的作用（Yang等，2017）。

就产量而言，与未施肥的对照相比，频繁施用堆肥可提高作物产量。充分利用堆肥和现有的农业生物质（如作物残茬、绿色垃圾和粪便）也可减少腐烂现象，从而减少温室气体排放。定期（每年或每个种植季节）使用优质堆肥可以减少化肥的施用需求。综上所述，堆肥法有助于应对黑土面临的诸多挑战，如养分失衡、土壤有机碳损失及土壤生物多样性丧失。

采纳的建议与潜在障碍

去除黑麦草后，鱼类衍生肥料和商业产品的土壤残留中可提取的磷含量较高，但根据氮需求，在黑土中施用这些物质时，需要考虑磷污染的潜在风险（Laos等，2000）。

随着有机矿物复合体吸附潜力的增加，堆肥中可移动形式重金属的含量会出现下降。为了确定重金属浓度，有必要评估淋溶黑钙土上层中高毒性金属的含量（Antonenko等，2022）。可将动物粪便、污泥及酿酒业和工厂的废弃物制成堆肥，用于土壤施肥。施用时应根据具体的管理时期和条件进行（Rusu，2017）。

化学肥料和矿质肥料

方法描述

即便黑土通常具有较高的土壤肥力，但高强度生产也会使黑土面临肥力下降的风险。要维持黑土肥力，既需保证足够的施肥量，又不宜施肥过量。有必要采取策略提高土壤有机质含量，整体上减少土壤退化，这些策略对于提高世界黑土区的土壤养分供应能力至关重要（Campbell等，1991，2001；Malhi等，2011a，2011b；Castañeda-Martin和Montes-Pulido，2017）。

黑土区的养分来源多种多样。最常用的氮肥来源是尿素。其他化学氮肥源包括硝酸钙铵、硫酸铵、尿素硝酸铵、无水氨和磷酸二铵。随着化肥生产技术的进步，缓慢释放养分的包膜肥料产品（如环保智能氮肥）也投入使用。这些包膜产品在减少生长季节的一氧化二氮排放和硝酸盐淋溶方面显示出了巨大潜力（Gao等，2015，2018），但由于氮的缓慢或延迟释放，土壤中残留的矿质氮含量较高，可能会导致非生长季节的氮损失增加（Clément等，2020；Zvomuya等，2003）。此外，相关成本以及作物产量效益不稳定，阻碍了包膜肥料产品的广泛使用。除此之外，还使用了含脲酶抑制剂或硝化抑制剂的产品，但使用规模较小（Amiro等，2017）。

主要化学磷肥包括磷酸一铵和过磷酸钙，而氯化钾是最常用的钾肥源。硫在黑土中以元素硫（硫最常见的硫浓缩形式）或硫酸基肥料中的硫酸盐形式

（SO_4^{2-}）施用，或两者结合施用。加拿大的黑土中使用的硫肥包括硫酸铵、尿素硫酸铵和硫膨润土。其他含有元素硫以及同时含有元素硫和硫酸盐形式的硫产品也在加拿大和中国等黑土区被使用。在某些地区，石膏也可以用作硫源，特别是在有机生产中（照片4.1.3c）。

照片4.1.3c 氮肥、磷肥的施用，加拿大印第安黑德镇

适用范围

1960—2020年，无机肥料的施用量在全球范围内呈上升趋势。在亚洲黑土区，肥料施用量增长迅速，包括东欧、东北亚、北美和南美在内的所有黑土区，肥料施用量均有所增加。全球使用的肥料中，超过80%是由氮、磷和钾组成的。据估计，2020年肥料需求量为1.153亿吨氮、5 600万吨磷和3 670万吨钾（FAO，2020）。

产生的益处

少数研究显示，长期施肥后，黑土中的土壤有机碳含量保持不变或呈下降趋势。而其他研究则表明，额外施用有机肥和优化施用大量营养素肥料可以增加土壤有机碳（Xie等，2014；Ding等，2012；Abrar等，2020；Manojlović等，2008；Russell等，2005）。在改善土壤化学性质及补充缺乏的营养元素（大量营养元素和微量营养元素）的过程中，肥料也发挥了十分重要的作用。其中，随肥料添加的基本阳离子（K^+、Ca^{2+}、Mg^{2+}）对于管理土壤酸化至关重要。高氨态氮和硫酸盐肥料会产生酸性反应，对土壤碱性有中和作用。

矿质肥料会影响黑土的物理性质。在黑土区，与单独使用有机肥料和矿质肥料相比，矿质肥料、有机肥料和生物炭的组合使用可以增加土壤有机碳固存，改善团聚性等土壤物理环境（Chen等，2010；Campbell等，1986）。值得注意的是，大多数情况下，与矿质肥料相比，含有粪便等有机资源的肥料在改善土壤物理性质方面效果更好。

肥料的大部分生物效益（包括微生物、中型生物和大型生物的活动和生长过程）都与土壤有机质密切相关（Haynes和Naidu，1998）。长期的研究表明，在施用氮磷肥料和氮磷钾肥料的同时，还施用次要营养元素和微量营养元素，会减少中国黑土中的真菌和细菌多样性，并改变其群落组成（Zhou等，2016；Wei等，2008）。

全球范围内，超过40%的作物产量可归因于无机肥料的养分投入（Stewart等，2005）。按照推荐量施用大量营养素作为矿质肥料，大部分谷物产量可以翻倍，在黑土区也是如此（Pepo、Vad和Berényi，2006；Kostić等，2021；Campbell等，2001；Liu等，2001）。

持续使用矿物肥料可以解决黑土的养分失衡问题，如果使用得当，还可以缓解土壤有机碳损失和生物多样性丧失等威胁。

采纳的建议与潜在障碍

由于氮的动态性质，其含量在空间和时间上都具有高度可变性。例如，在加拿大半干旱地区的黑土中，秋季收获后12年间测量的土壤硝态氮含量为21～44千克/公顷（以N计，余同），显著影响氮肥施用量（St.Luce等，2020）。研究发现，在中国东北的黑土中，春季施用高量氮肥（190千克/公顷及以上）会导致土壤深层硝态氮大量增加，这表明需要管理氮肥的施用量以保护生态和土壤健康（Cai、Mi和Zhang，2012）。此外，由于化学氮肥的广泛施用，土壤存在极大的酸化风险。施用硝态氮肥而非铵态氮肥有助于减少肥料引起的黑土酸化（Engel等，2019）。

有效养分管理的一个基本要素是及时诊断土壤养分状况。因此，土壤测试是有效肥料管理的重要决策支持工具，它提供了养分平衡信息，并与养分去除率相结合，有助于提供施肥建议。施肥应在播种时或播种前进行。然而，土壤冻结前的深秋施肥是相当普遍的做法，尤其是施用无水氨（Tenuta等，2016）。同时，带状施用氮肥已被证明可以显著减少反硝化作用、氨挥发、硝酸盐淋溶，并可提高氮的利用率（Gao等，2015；Malhi等，2001）。土壤氮供应由生长季节内的氮矿化过程控制，但这一过程极为复杂，受到诸多生物和非生物因素的影响，因此难以准确预测。

各种作物的氮需求量是可知的，其需求量因土壤类型、当地气候条件和其他因素而异。考虑到育种带来的品种改良以及土壤和作物管理方面的变化，相关施肥建议需要定期更新。

设备、软件和数据处理方面的技术进步，包括具有成本效益的采样设计和使用机器学习进行预测性土壤测绘，为测量和监测植物养分、土壤肥力以及黑土的整体健康状况提供了更多机会。土壤评估及高通量实验技术可以快速准确地评估若干土壤参数，这些参数对黑土养分管理至关重要。然而，除了现有的全球土壤光谱库或来自各国家及地区的土壤库之外，还必须收集区域校准数据。开展黑土校准工作是一项有价值的研究课题，在检测粮食生产压力增大和气候变化导致的黑土退化方面，能够带来诸多收益。

经济、社会和物理方面的限制会阻碍可持续肥料管理和4R原则的采纳及实施。生产者与当地农学家、认证作物顾问或研究人员之间的互动对于这些原则的采纳至关重要（Amiro等，2017）。Bruulsema、Peterson和Prochnow（2019）进一步提出，这些原则的采纳和实施"不仅取决于科研人员与行业人员在农场层面的互动，还需要在整个农业价值链上进行互动"。

一般来说，与其他需要施用矿质肥料才能投入生产的土壤不同，黑土具有高肥力，这意味着黑土含有大量与有机质相关的养分，如氮、磷和钾。

尽管如此，黑土所面临的巨大生产压力决定了养分补充的必要性，大面积黑土已经表现出肥力下降的迹象。目前，针对黑土，不仅需要制定适当的施肥方案，还需要根据主要作物（如小麦和玉米）的施肥情况，对相应模型进行本地化调整。

生物炭

方法描述

生物炭是一个相对较新的术语，指的是以特定方式应用于土壤的炭化有机物质，其用途是改善土壤特性及长期碳固存情况（Lehmann 和 Joseph，2015）。热解是生产生物炭最常用的技术，生物炭可以而且应该由生物质废物制成。在黑土区，生物炭由玉米、大豆秸秆或木屑制成，但通常会添加有机肥料或矿质肥料（Han 等，2019；Chathurika 等，2016；Yao 等，2017；Banik 等，2021）（照片 4.1.3d）。

照片 4.1.3d　生物炭的施用，中国虎林市（黑龙江省鸡西市代管县级市）

适用范围

生物炭可显著提高黑土的土壤质量和作物产量，并有可能通过积极固碳获得碳信用。因此，在农业土壤中添加生物炭正受到广泛关注。生物炭的多样化物理和化学特性使其成为一种不可或缺的有用物质，从小农户到大规模农业都有其用武之地。需要注意的是，生物炭的性质因原料和生产条件的不同而存在很大差异，因此应根据每种预期应用中黑土所面临的具体限制，选择合适的生物炭。木炭又被称为黑碳或生物炭，这样称呼是为了体现其改善土壤质量的特性以及避免人们将其与火灾和森林损失联系在一起。木炭被认为是亚马孙中部地区黑土肥力的重要贡献者（Glaser和Birk，2012）。

产生的益处

生物炭含有有机质和养分，施用生物炭可提高土壤有机碳含量、pH、总氮量、有效磷含量、有效钾含量、阳离子交换量（CEC）及易利用有效水分（RAW）含量，并能降低土壤容重（BD）。

在美国中西部的暗沃土中，生物炭的施用显著提高了土壤pH、易利用有效水分含量、土壤有机碳含量、可利用大量营养元素和微量营养元素含量，并降低了土壤容重（Rogovska，2014；Banik等，2021）。将有机肥和生物炭共同培养，可稳定有机肥中的碳和若干养分。与有机肥常规施用方式相比，施用有机肥–生物炭混合物可提高土壤质量及植物养分的有效性。在中国东北黑土区，生物炭发挥改良作用，可从土壤有机碳、土壤水分、土壤容重及有效养分等方面改善土壤质量。此外，投入生物炭和作物秸秆管理也可以改变土壤细菌群落动态，例如，施用生物炭可增加土壤真菌的丰度（Qiao等，2020；Yao等，2017）。在加拿大，施用生物炭并不是提高表层黑钙土土壤肥力和养分循环的实用管理方法。然而，在加拿大的雷蒙德和莱斯布里奇，将生物炭与氮磷肥共同施用似乎在短期内提高了土壤磷的有效性（Romero等，2021）。

生物炭可用于应对农业和环境挑战，并进一步提高畜牧业和种植业的可持续性。在已大量施用秸秆的情况下，再施用生物炭又可将粮食产量提高11%～55%，这可能是因为生物炭减轻了玉米残茬分解过程中释放化感物质所带来的不利影响。但在严重干旱期，生物炭对玉米产量的影响十分有限（Rogovska，2014）。一项为期三年的研究结果显示，在黑土区，施用15.8吨/公顷和31.5吨/公顷玉米秸秆生物炭，对作物产量有积极影响（Jin等，2020）。

添加生物炭可最大限度地减少土壤有机碳损失、生物多样性丧失、土壤压实及养分失衡等土壤威胁，从而有益于土壤健康。

采纳的建议与潜在障碍

了解国家黑土区农业生产的限制因素，并弄清是否可以通过生物炭获得预期结果至关重要。在规划生物炭的农业应用时，必须考虑生物炭的主要特性，因为生物炭一旦分布到土壤中，就无法移除。例如，研究表明，与未施用生物炭的土壤相比，以400克/千克的施用量将玉米秸秆生物炭施入土壤，可显著提高土壤pH和电导率（EC），并导致阳离子交换量和可交换钙含量的减少，从而增加了中国东北黑土区的土壤盐碱化风险（Meng等，2021）。为了实现上述生物炭施用目标，所选择的施用方法取决于其物理、化学性质及施用量。

生物炭的生产规模（中型规模、农业规模、家庭厨房）可能存在很大差异，当前生产成本也各不相同。只有迅速采用和广泛传播新技术，才能达到最佳效果。尽管生物炭产量的增加可能是农业新技术的一大福音，但极高的生产成本可能又是一大障碍。因此，在广泛推广生物炭系统之前，有必要研究并比较生物炭系统与传统系统的经济影响。农业中生物炭的使用成本取决于生物炭的施用量、将生物炭从生产厂运输到试验田的相关成本以及从产生的能源中所获得的价值。

4.1.4　作物多样化

许多黑土区采用粗放型农业管理模式，主要种植2～3种一年生作物（如小麦、玉米或大豆）。这种倾向于限制作物多样性的做法会导致生物多样性的丧失和土壤物理性质的恶化（Peralta、Alvarez和Taboada，2021）。作物多样化是避免农业模式过度简化的适当手段，也是改善土壤结构、质量的恰当途径。农业生产者已经开始采用作物种植系统多样化的做法以克服作物生产面临的挑战，如地价过高、投入成本上涨、天气因素多变及对新产品的需求增加等。特别是在黑土区，长期的单作制度（如玉米、大豆单作）会危害土壤健康和粮食安全。因此，可持续性问题已经引起农业生产者对作物多样化的兴趣，尤其是在黑土区。

作物多样化是指在同一地区种植一种以上的作物。实现作物多样化的途径包括增加新的作物种类或不同品种，以及改变当前的种植系统。这通常意味着在现有的轮作中增加更多作物。作物多样化还包括农作物和畜牧生产一体化，即混合农业。作物多样化涵盖了多个方面，如作物种类多样化、作物种类内的品种多样化和遗传多样化。发展韧性农业种植系统，作物多样化是最可行、最具成本效益、最合理的方式之一。

作物轮作

方法描述

在黑土区，农民使用不同种类的作物（主要是豆类）作为主作物（通常是冬季谷物）的前茬。这种做法可以提高粮食产量，改善土壤质量。如今，作物轮作已是一种常见的做法，在某些社会经济背景下，黑土区的农业政策鼓励该做法。科学研究表明，轮作的益处在于提高了资源利用率，增加了豆类作物的氮供应，打破了虫害周期（Ryan等，2008）（照片4.1.4a）。

适用范围

在永久耕地上，进行作物轮作是普遍做法，但由于黑土区的土壤气候和社会经济条件限制，通常难以实现高度作物多样化。秋冬季节的低温和降雪限制了作物种植，直到春季才能进行。不同的土壤特性也会限制轮作作物的可选范围。显而易见的例子是土壤pH对某些作物的影响。例如，豆类作物在弱酸性至中性土壤中生长良好，而在碱性黑土中生长不良。

照片4.1.4a 作物轮作（大豆和小麦），俄罗斯

　　如前所述，在黑土区采用多样化作物轮作时，社会经济因素也起着重要作用。自工业化农业和合成肥料问世以来，谷物单一种植（如小麦、玉米、水稻和大麦）在黑土区占据主导地位。工业化农业专门生产少数几种农产品，并且缺乏投资不同机械设备的财政支持，这也阻碍了黑土区农民采用多样化作物轮作。

产生的益处

　　轮作与生产模式的多样化密切相关。轮作设计取决于水资源的可用性及农业气候特征。过于简单的轮作方式给黑土区造成了威胁，此类轮作方式倾向于单一种植，不仅导致肥力下降，还助长了抗性害虫和杂草的繁殖。因此，有必要设计包含更多禾本科作物（小麦、大麦和玉米）的轮作方式，这些作物的根系有利于土壤中稳定性团聚体的形成。具体而言，通过不同机制种植多样化的作物，可以显著改善土壤物理性质，从而影响土壤结构。如苜蓿等多年生植物被用于黑土区的轮作系统中，因为这类植物的主根能够深入到土壤深层，可以提高剩余土壤水分和养分的利用率，并减少水分流失和氮淋溶。此外，大豆等豆科植物在根际（根际是根部周围的环境，是土壤生物活动最活跃的区域）具有更高的活性，并产生更多的根系分泌物。

　　作物轮作对土壤化学性质有诸多益处，如大豆与其他产生大量残茬的作物轮作，可以提高土壤肥力，因此在俄罗斯及加拿大的黑土区，该轮作模式效果良好，提高了大豆的产量和盈利能力（Zentner等，1990；Stupakov等，2019）。乌克兰的一项长期研究发现，作物轮作导致腐植酸与富里酸的比值（Cha：Cfa）增加（Hospodarenko等，2018）。

作物轮作还改善了黑土的土壤生物特性。以中国东北黑土区为例，玉米单作和玉米—大豆轮作在土体和根际土壤中的细菌群落存在显著差异，轮作中的细菌丰度和群落多样性显著高于单作。与大豆连作相比，轮作增加了细菌的丰度和多样性，并改变了土体和根际土壤的群落组成，如增加了线虫丰度及其功能代谢足迹（Zhang等，2015；Liu等，2017）。

在黑土区，轮作可以提高后续作物的生产力，这一点已达成共识。作物轮作可带来诸多社会效益和经济效益。在与谷物轮作中，种植禾本科牧草、豆科牧草或豆科绿肥作物，可产生持续的产量效益。在休耕地种植豆科或禾本科作物后，不施用氮肥或磷肥，小麦的产量通常高于施肥充足的单一小麦轮作。此外，采用多样化的作物轮作，并结合少耕和免耕管理措施，将提高半湿润地区年度粮食生产对不可再生能源的利用效率（Zentner等，2004）。例如，在中国东北黑土区，与单作系统相比，玉米—大豆轮作的产量和盈利能力都更高，干旱年份尤其如此（Fan等，2012）。在加拿大黑土区，大豆与其他产生大量残茬的作物轮作，增强了土壤肥力，显示出提高大豆产量和盈利能力的良好潜力（Zentner等，1990）。综上所述，作物轮作具有多重益处，可以有效应对土壤有机碳损失、生物多样性丧失、养分失衡、土壤压实和污染等多种土壤威胁。

采纳的建议与潜在障碍

作物轮作对土壤碳的最显著影响之一是玉米往往会增加土壤碳含量，而大豆则会降低土壤碳含量。这也是美国中西部作物轮作中以玉米为主而不是以大豆为主的原因，其目的就是捕获最高的土壤碳含量。加拿大黑土区种植了一系列具有不同碳含量和碳氮比的作物。小麦和油菜是两种主要的粮食作物，往往具有较高的碳氮比。用燕麦代替小麦可以降低轮作中的碳氮比，因为燕麦秸秆中的氮含量高于小麦。在轮作中加入豌豆和小扁豆等豆类作物会进一步降低碳氮比。大豆在豆类作物中发挥着独特作用，是因为其残茬中的碳含量非常高，远高于豌豆或小扁豆。

在建立任何作物轮作系统之前，必须分析和考虑不同作物所受的土壤气候限制。在确定种植替代作物或未受充分重视的作物之前，必须挖掘潜在的市场，并尽可能确保市场需求稳定。这类作物只应占可耕地的一小部分。

多年生作物

方法描述

多年生作物与谷物等一年生作物不同，无须每年重新种植，收获后会再次自然生长。许多水果和坚果作物本身就是多年生作物。多年生作物为多样化种植系统提供了更多选择，有利于改善黑土土壤性质，目前，加拿大和美国的黑土区均在种植多年生作物（Entz 等，2002；Ryan 等，2018）（照片 4.1.4b）。

照片 4.1.4b　多年生作物（克恩扎），加拿大

适用范围

多年生作物在全球多种土壤气候条件下均可种植。最适宜的种植地点是坡地退化黑土区和生态敏感区，此类区域需要增加土壤有机碳，从而改善土壤健康状况、减少土壤侵蚀。

产生的益处

在轮作一年生作物之前，连续几年种植多年生谷物可以恢复土壤健康。在坡地和生态敏感区域种植多年生谷物可以减少土壤侵蚀和养分流失，从而提供生态系统服务，并有助于发挥农业多功能性。例如，轮作中的多年生豆类可以为黑土提供大量氮，从而减少了能量需求。

"多年生小麦"或克恩扎（中间偃麦草）是自2002年以来的一项多年生作物创新成果（Dick、Cattani和Entz，2018），现已培育出适应性强的克恩扎品系（Cattani，2019），其种植面积有限，但可同时作为谷物和饲料使用。克恩扎拥有极为庞大的根系，这将增加黑土区种植系统中底土的碳含量（Pugliese、Culman和Sprunger，2019）。综上所述，轮作中纳入多年生作物是应对土壤侵蚀和土壤有机碳问题的良好做法。

采纳的建议与潜在障碍

一系列限制因素导致粮食产量低，而增强农业多功能性的策略有望在应对该问题上发挥重要作用。可将某些管理策略相结合，以增强功能性，如在坡地上种植多年生谷物和豆类作物、生产粮食和饲料。

多年生谷物与一年生谷物或多年生饲料作物有着本质上的不同。因此，农民需要有关管理实践方面的新信息来优化作物生产。功能多样化的多年生谷物复合种植系统也能提供高水平的生态系统服务，但需要进行研究，以确定可兼容的多年生谷物组合以及能够最大限度降低管理复杂性的生产方法。

4.1.5　水土保持技术

方法描述

用于控制农田水蚀的农艺措施包括残茬管理、保护性耕作、等高耕作、轮作和种植覆盖作物（Weesies、Schertz和Kuenstler，2017）。在巴西热带黑土区，通过作物轮作、免耕和永久性土壤覆盖相结合的方式，已经成功减少了降水造成的土壤侵蚀（Freitas和Landers，2014）。这些农业措施前面已作讨论。世界各地的生产者还采用了若干不同的灌溉方法，包括：水稻间歇灌溉，即在稻田水位降至较低水平后再进行补充灌溉；横向移动喷灌系统，适用于大面积农田灌溉，通过覆盖较大面积来降低单位面积的灌溉成本。由于要同时满足整片田地作物的水分需求，所以需要较高的瞬时灌溉量（Sojka和Bjorneberg，2017）；喷灌系统，可在不同坡度和地形上操作的中心支轴式喷灌系统；滴灌系统，与横向灌溉不同，滴灌中坡度方向不会影响径流的积累，水通过加压管道系统直接被输送到作物根部（照片4.1.5）。

适用范围

上述农艺和灌溉系统实践均适用于所有黑土地，包括可耕地、农田、永久作物种植和牧场。上述实践中的植被结构将决定在特定地点的效果。这些实践做法通常可以根据土地坡度、地形和气候条件进行设计，以实现多重目标。

产生的益处

土壤水分管理是影响黑土改造的重要因素之一，改变了土壤形成的主要因素、与环境的联系，并决定了土壤覆盖的后续演变。具体的变化取决于田间土壤水分供应的质量和水量、灌溉发展地区的气候和水文地质条件、土壤的原始性质、灌溉设备和技术以及当前的生产实践做法。这些变化可以改善水分供应，实现腐殖质、大量营养元素和微量营养元素的正平衡，提高土壤肥力，并平衡土壤pH（Baliuk等，2017）。

水稻间歇灌溉可减少56%的径流量，从而增加雨水储存量，并减少22% ～ 76%的灌溉用水量，使水分利用效率提高15% ～ 346%（Avila等，2015）。该研究中使用的灌溉方法不影响水稻的籽粒产量。

在平移式喷灌系统中，喷头类型、喷嘴压力和喷嘴尺寸会影响灌溉量、湿润面积和水滴大小，从而影响径流和土壤侵蚀。低压喷头降低了能源成本，但其喷洒宽度较小，因此喷灌强度较高（Jat等，2009；Tahat等，2020）。

在滴灌系统中，水经过加压管道输送，并通过滴头或滴灌器直接将水一滴一滴注入田间土壤。滴头之间的间距取决于植物的间距，每株植物只有根际得到浇灌。因此，这是一种非常高效的灌溉方法，土壤侵蚀风险较低。然而，这也是一个高度资本密集型和劳动密集型系统。

照片4.1.5 滴灌，乌克兰赫尔松州

综上所述，土壤水分管理和灌溉方法为解决土壤侵蚀、土壤有机碳损失及养分失衡等问题提供了更多有效手段。

施用前建议

对黑土区进行全方位供水管理（包括从干旱期到周期性洪水期的管理），需要采取若干不同的方法。水分过多会影响适时播种，而免耕和留茬可以增强土壤保水性，并降低土壤温度。玉米等作物对水分问题极为敏感，而小麦和油菜等其他作物，虽受影响程度相对较小，但在特定情况下也可能受到水分问题的干扰。水资源充足地区的播种，水分管理依然十分重要，因为作物在生长季节的某个阶段极有可能会经历水分胁迫。在干旱条件下，免耕通常会提高作物产量和水分利用效率，但在潮湿条件下，可能会导致减产（Azooz 和 Arshad，1998；Arshad、Soon 和 Arooz，2002）。

就各类横向移动喷灌系统而言，中心支轴式喷灌系统和平移式灌溉系统的喷灌强度通常超过土壤入渗率，这意味着可能出现径流问题。除了灌溉方法，在决策过程中还应考虑水资源的质量。例如，研究结果表明，灌溉并未对土壤产生任何重大不利影响，但需要对灌溉用水的水质进行持续控制，并对灌溉土壤的化学性质进行持续监测（Choudhary 和 Kharche，2018；Bilanchyn 等，2021）。总体而言，随着气候变得更加干旱，免耕法效果更好，并有助于最大限度地提高黑土作物的水分利用效率和粮食产量。这一趋势在南美洲中纬度的黑土区已得到验证。

4.1.6 生物质管理

方法描述

一般来说，作物秸秆还田（SAT）是通过生物质管理增加土壤碳储量和作物产量的最有效方法，特别是在平坦的田地中（照片4.1.6）。

生物质管理的其他有益措施还包括进行作物轮作及种植覆盖作物。通过轮作调整作物种类，可优化生物质的碳氮比，而覆盖作物能够为土壤提供优质且充足的生物质来源。

适用范围

基于作物残茬的生物质利用适用于任何类型的土壤气候环境。净初级生产力较高的农业生态系统所受限制较小，因此可获得足够的作物残茬。温度和土壤湿度等气候条件会影响生物质分解和作物播种，从而需要对生物质管理措施进行调整。除此之外，在初级生产力较高地区及其他地区，作物残茬还要用于饲料、燃料或建筑材料等其他用途，这也进一步限制了生物质管理的潜力。在更湿润或更干燥的地区，以及在冬季更短或更长的地区，可移除及可归还土壤的生物质比例都会有所不同。

照片4.1.6　生物质管理，中国赵关镇

产生的益处

生物质还田时，表层残茬可以控制土壤侵蚀，但残茬的具体数量取决于土壤质地和田地坡度。在黑土区，控制水蚀所需的残茬量随田地坡度的增加而增加，6% ~ 9%坡度的田地估计每公顷需要残茬0.8 ~ 1.15吨，而10% ~ 15%坡度的田地每公顷则需要1.15 ~ 1.70吨。收割作物残茬会导致土壤流失，特别是在陡坡地区（Gregg和Izaurralde，2010）。无论是在传统管理模式下还是在保护性管理模式下，收割残茬都会降低作物产量，但在保护性管理模式下降幅较小。与移除生物质相比，保留生物质可使土壤碳、总磷、可溶性和活性无机磷和有机磷含量更高（Hao等，2022；Li等，2022）。例如，秸秆还田影响了有效氮和有效磷的动态平衡，增加了作物产量（Zhang、Wang和Sheng，2018）。在暗沃土中，活性有机碳组分对不同形式的秸秆还田也更敏感（Li等，2022）。

通过轮作进行生物质管理可以优化碳氮比。在加拿大黑土区，小麦和油菜这两种主要粮食作物的碳氮比往往较高。燕麦秸秆中的氮含量高于小麦，因此用燕麦代替小麦可以降低轮作中的碳氮比。在轮作中加入豌豆和小扁豆等豆类作物会进一步降低碳氮比。大豆残茬中的碳含量非常高，远高于豌豆或小扁豆，因此大豆在粮食豆类作物中发挥着独特的作用。

研究还表明，生物质管理还能对近地表土壤和空气温度进行调节（Thiessen Martens等，2001；Kahimba等，2008）。

生物质管理是一项非常重要的实践举措，可有效应对诸多土壤威胁，如土壤有机碳损失、生物多样性丧失、土壤侵蚀、养分失衡、土壤酸化及土壤压实等。

采纳的建议与潜在障碍

在寒冷地区的黑土中，还田的秸秆无法完全降解。生物质还田率应考虑到生态条件。土壤中未完全降解的秸秆可能会阻碍下一季作物种子出苗。此外，生物质管理还会影响土壤水分和微气候。加拿大的研究报告称，生长旺盛的覆盖作物可以减少土壤水分（Blackshaw、Molnar和Moyer，2010；Kahimba等，2008；Thiessen等，2001）。在多雨年份，生物质管理导致的土壤水分消耗或许会产生有益影响。

4.1.7 综合系统

有机种植系统

方法描述

在黑土区，有机种植可以在上述任何一种作物种植系统中进行，但需要增加两个限制条件：①不采用化学害虫防治手段；②不添加矿质肥料为作物提供养分。这些限制条件提高了有机种植系统中保护黑土所需的技术技能。在有机种植系统中，控制杂草的传统方法是进行更多耕作清除杂草，但会增加土壤退化的风险。目前，为了降低此类风险，正在探索和实施两种方法：①减少耕作；②改善土壤物理和生物参数。在黑土区，关于有机种植系统中减少耕作的研究已经展开（Vaisman 等，2011；Podolsky、Blackshaw 和 Entz，2016）。滚刀等工具的使用使植被管理成为可能，并且可以连续多年进行有机作物免耕播种（Halde、Bamford 和 Entz，2015）（照片4.1.7a）。

照片4.1.7a　有机免耕种植系统（大麦和春小麦），加拿大曼尼托巴省

适用范围

黑土区所有农业形式的土壤气候限制条件均相同，因此有机种植系统具有全球适用性。

产生的益处

将豆科覆盖作物纳入黑土有机种植系统将有助于极大改善土壤的物理参数（如土壤团聚性）（Stainsby 等，2020）和生物参数（Lupwayi 等，2018），并可为后续作物提供缓慢释放的氮（Thiessen Martins、Entz 和 Hoeppner，2005）。Thorup-Kristensen 等（2012）发现，添加绿肥覆盖作物后，几乎可以使活跃根系的平均土壤拓展范围翻一番。更大的土壤拓展范围意味着底土中无机氮含量更高（Thorup-Kristensen等，2012）。综上所述，有机种植系统有利于土壤健康，并可解决土壤生物多样性丧失、养分失衡和土壤压实等问题。

采纳的建议与潜在障碍

目前，在有机种植系统中，保护黑土的做法因地区而异，且同一地区内的不同农场之间也存在很大差异。与大多数传统种植系统相比，在有机种植系统中实施保护土壤的种植方法，其管理要求往往更高。然而，采用有机生产系统的生产者往往高度关注保护和改善土壤。综上所述，有机种植适用于土壤管理，但需要依靠有机肥料和生物肥料进行肥力管理，并需要进行害虫生物防治。这些要求使得有机种植难以大规模推广，如在大豆、小麦和玉米等一年生作物的大规模生产中，很难采用该方法。

草地保护与恢复

方法描述

世界上很大一部分黑土是在草原植被的影响下形成的（照片4.1.7b），但随着时间的推移，它们被替换为种植一年生作物。将这些一年生作物系统与放牧期进行定期轮换，有利于黑土恢复其原有的肥力，至少就增加土壤有机质及改善结构质量而言是如此。放牧强度和载畜率调节已被视为保持或改善黑土质量的重要管理措施之一（Sollenberger等，2012）。测定放牧强度最常见的方法包括：载畜率（在特定时间段内，每公顷土地上的牲畜数量）、饲草给量[饲草质量（千克/公顷）与活畜重量（千克/公顷）之比]以及放牧压力[活畜重量（千克/公顷）与饲草质量（千克/公顷）之比]（Allen等，2011）。

照片4.1.7b 草地保护与恢复，巴西南里奥格兰德州夸拉伊市

放牧方法是对牲畜放牧的方式、时间、种类和数量所进行的管理。划区轮牧与延迟放牧是与土壤保持关系较为紧密的两种放牧方法（Allen等，

2011）。轮牧是在放牧许可期内，在放牧管理单元的3个或多个围场之间轮流进行放牧和休牧。延期放牧的关键在于其作为一种保护措施，旨在恢复和维持放牧地的理想状态，而不是为了在放牧季内增加牲畜产量。

其他主要的草地管理做法包括对食草动物种类、植被覆盖率和植物种类的管理。

适用范围

这些做法适用于全球范围内以黑土为主的多种土壤气候条件。这些做法尤其适合寒温带草原，如东欧平原、北美中部大平原和南美的潘帕斯草原。

产生的益处

调整放牧强度可以减少土壤侵蚀，改善地面覆盖，提高碳固存量，增强植物活力（Sollenberger等，2012；Zhou等，2017）。此外，调整放牧强度对管理水质（Van Poolen和Lacey，1979）和保护物种多样性（Herrero-Jáuregui和Oesterheld，2018）也十分重要。牧草种类会影响放牧季内的水分利用时间，对土壤含水量的影响比放牧强度更大（Twerdoff等，1999b）。然而，与较低的放牧强度相比，在较高的放牧强度下，上层7.5厘米土壤的含水量通常会更高。这表明，高强度放牧导致叶面积变小，而低强度放牧时，叶面积变大，蒸发面积也随之变大，因而消耗了更多的土壤水分（Baron等，2002）。

不同食草动物对牧草、杂草和豆科植物的偏好会影响牧场中的物种组成（Dumont等，2011）。食草动物对土壤碳储量的影响表现出很大的变异性，这主要取决于食草动物的种类和放牧草地的特性（Chang等，2018）。这表明食草动物类型、植物种类和放牧强度之间的相互作用可能具有地区特异性，因此，难以预测各种不同环境条件下简单的管理措施。

在放牧土地上保持植物覆盖，对于土壤保护、养分管理和健康的微生物多样性非常重要。美国科罗拉多州开展的一项短草草原研究发现，与没有植物覆盖的土壤相比，植物覆盖下的土壤始终具有较高的碳、氮矿化率，并且在某些情况下，土壤总碳、总氮及微生物生物量碳和微生物生物量氮的含量也随之变高（Vinton和Burke，1995）。研究还发现，相较于根茎型禾草蓝茎冰草（*Agropyron smithii*），丛生禾草下的土壤具有更高的碳矿化率和微生物生物量碳。

在土壤保护背景下，可以利用放牧确保土壤覆盖得以维持，并在土壤处于脆弱状态（如在一年中的某个时期，饱和土壤发生压实）时保护土壤。总体而言，通过草地保护和恢复的做法，可以最大限度地减少土壤有机碳损失、生物多样性丧失以及养分失衡。

采纳的建议与潜在障碍

过度放牧发生在植物较长时间暴露于密集放牧区或未能得到足够恢复期的情况下。过度放牧会降低土地的有用性、生产力、牲畜的营养价值及生物多样性，并有可能导致地表覆盖物丧失、土壤压实、土壤侵蚀和土壤健康状况下降。此外，过度放牧会增加入侵物种的出现频率，如坚韧爱草（*Eragrostis plana*）等入侵物种取代了南美洲潘帕斯草原上的高质量本地牧草（Focht和Medeiros，2012）。目前，许多地区都存在过度放牧的现象。在蒙古国，1961—2019年，牲畜数量增加了265.3%，而总牧场面积的11%遭受了过度放牧（统一土地基金分类报告，2019；研究会议材料，2015）。

Twerdoff等（1999a）对黑土的研究显示，随着放牧强度的增加，土壤容重也增加，但所达到的最大容重并不会限制多年生或一年生牧草的生产力或可持续性。牧草土壤表面（0～2.5厘米）的压实度在牧草生长早期迅速增加，但随着牧草生长年限的增加而趋于平稳（Mapfumo等，1999；Twerdoff等，1999a）。一年生牧草（在0～10厘米处）的土壤压实速度似乎比多年生牧草快，但总体上，一年生牧草和多年生牧草的土壤容重都与累计放牧日呈二次函数关系，经过多年的40～60个放牧日或放牧周期后趋于平稳。由于生物质生产对保护和改良土壤十分重要，生物质生产率更高的地块往往对放牧强度（Eldridge等，2017；Schönbach等，2011）及其他管理做法的影响更具耐受性。除了采用补播、除草和计划性烧荒等其他管理策略外，延迟放牧还可以改善目标植被的响应能力，并随着时间的推移提高牧业生产潜力（Allen等，2011），也可采用其他放牧方法解决特定环境中的具体问题（Bailey、McCartney和Schellenberg，2010）。

在这部分内容中，我们对促进黑土健康、保障粮食安全、减缓气候变化和克服限制的可持续实践进行了全球范围的评估。评估发现，通过免翻耕、免耕、有机肥料施用、生物炭施用、生物质管理以及维持土壤有机碳等各项管理措施（如有机覆盖物、多年生作物、免耕带状耕作和水土保持技术），黑土农田中的土壤有机碳固存显著增加。除此之外，利用覆盖作物、有机覆盖物、免耕、免耕带状耕作、施用有机肥料等措施，还可显著优化土壤的化学、物理和生物性质，同时仍然能够实现主要粮食作物的增产。与此同时，作物轮作、作物-牲畜综合种植系统和免耕等做法在减缓气候变化方面效果显著，可以减少土壤温室气体排放。施肥方式与此情况不同。在可持续管理方式下，化学肥料和矿质肥料投入能够为作物生长提供足够的养分（包括大量营养元素和微量营养元素），从而获得较高的产量并将环境损害降到最低。除农田管理外，控制放牧强度和保持植物覆盖等草地管理措施也可以减少土壤侵蚀并增加碳固存，不同的食草动物也可以提高土壤碳储量。为此，有可能通过黑土管理应对未来几十年的全球粮食安全和可持续性挑战，但需要在可持续作物系统、养分管理、耕作方式和水资源管理方面做出重大改变。

理论上，黑土适合大多数种植系统，如轮作系统、多年生作物系统和有机种植系统。黑土可用于各种规模农场的各种作物种植。黑土区多样化的种植系统可以提供更好的生态服务，既能保持和提高生产力，又能减轻负面影响。

通过实施减少土壤威胁的靶向措施，黑土地区的可持续管理实践可以解决土壤有机碳损失、养分失衡、生物多样性丧失、土壤压实和侵蚀等问题。显然，解决这些问题对于黑土保护至关重要，特别是就作物生产而言。然而，针对土壤酸化、土壤盐碱化和土壤污染等问题进行的研究及知识积累仍然较为匮乏。这可能是因为并非所有黑土区都面临上述威胁。但从长期来看，这三大威胁（土壤酸化、土壤盐碱化、土壤污染）会损害黑土的生产力和健康状况。

未来，黑土保护将面临两大挑战：既要满足粮食需求的大幅增加，又要减轻土壤威胁。通过有益的田间实践和建立适当的种植系统可持续利用黑土，这是应对挑战的必要策略。但同时必须将上述措施与提高认识、教育、推广和监测工作相结合。因此，制定独立的政策和农业发展计划至关重要，这些政策和计划应通过良好的农业实践和种植系统应对黑土面临的各种威胁。

4.2　黑土保护、保持与可持续管理的相关政策

为了实现保护黑土的目标，需要在全球和国家层面制定并实施相关法律法规，并辅以监测框架，追踪黑土的动态变化和实际状况。目前，许多国家都颁布了涉及土壤管理、保护和保持的政策（表4-1），但针对黑土保护的政策却寥寥无几。

黑土在粮食安全、营养供应及减缓和适应气候变化等方面发挥着重要作用，此外，作为有限的自然资源，黑土具有重要价值，因此，有必要考虑以下几点因素：开展黑土立法时，应广泛采用国际黑土联盟提出的"黑土"定义；迫切需要达成有关黑土可持续管理、保持和保护的全球协议；应遏制黑土退化，特别要解决主要的土壤威胁：土壤侵蚀、土壤有机碳损失和土壤封闭；认识到黑土是有限的自然资源，应制定全球性黑土修复计划；能力建设需成为一项重要手段，以促成拥有黑土的国家之间开展全球技术合作。

表4-1　各国黑土保护、保持和可持续管理方面的立法、项目和体制约束

国家	针对黑土的专门立法	与黑土相关的法律法规	国家层面的土壤保护研究与项目	黑土保护的政策和制度约束
加拿大		目前，黑土土壤保护政策由各级政府制定和实施。具体而言，与土壤保护相关的法律法规已开始实施，如《阿尔伯塔土壤保护法》（阿尔伯塔省，2011）以及其他省级政府激励项目（曼尼托巴省政府，2008；萨斯喀彻温省政府，2020）	土壤保护项目每5年发布一次报告，评估过去30年（1981—2011年）加拿大农业和农业粮食体系的健康状况，并以此对标加拿大的农业环境绩效。在众多农业环境绩效指标中，土壤覆盖指标所反映的农田覆盖情况已有显著改善	1984年，参议院农业、渔业和林业常设委员会发表了一份报告，题为《土壤危险——加拿大正受侵蚀的未来》，但自此以后，情况已经发生很大变化。气候、环境、农业管理、新作物和日益增长的生产需求给土壤（包括黑土）保护带来了新的挑战
蒙古国		目前，蒙古国的作物种植区已实施超过8部与黑土保护相关的法律法规，如《蒙古国土地法》（2002）、《蒙古国农业法》（2016）	"蒙古国可持续发展理念（2030）"对于粮食生产土壤和农业土壤的可持续发展至关重要，其中也包括黑土管理	针对提高土壤肥力和减少侵蚀，无长期的政策战略
乌拉圭		土壤保护法于2008年修订，并于2013年正式实施。乌拉圭的土壤相关法律基于以下原则：土壤保护符合整体利益，高于任何特定利益	《土壤利用与管理计划》（SUMP）：①精确的地理位置；②拟实施的轮作制度说明；③轮作中不同作物和牧草的预期产量；④多边形区域内的主要土壤类型；⑤通用土壤流失方程（USLE）/修正的通用土壤流失方程（RUSLE）中定义长度和坡度（LS）的地形特征	尽管采用了免耕（NT），但新的作物集约化生产是通过放弃与牧草轮作、回归连作实现的。上述变化再次导致土壤侵蚀问题

（续）

国家	针对黑土的专门立法	与黑土相关的法律法规	国家层面的土壤保护研究与项目	黑土保护的政策和制度约束
巴西		国家土壤保护法适用于黑土。1975年7月，通过了关于强制性土壤保护规划和土壤侵蚀控制的法律（巴西政府，1975）。 1981年8月，通过《国家环境政策》，强调了土壤、水和空气的合理利用，并将土壤保护纳入国家政策（巴西政府，1981）	任何农村土壤（包括黑土）的使用和管理行为都必须基于土地利用能力或农业适宜性的理念，通过规划实施，并采用由官方研究机构验证的保护措施	针对水土资源利用、管理、恢复和保护所采取的手段应考虑当前条件、土地利用变化及其限制因素或潜力
泰国		有两部与土壤保护相关的法规文件：《土地开发法》和《土地利用规划》	泰国于2019年颁布的《土地利用规划》是根据泰国20年国家战略框架制定的规划，其中包括土地适宜性分析和土地潜力评估	全国范围内正就农业用地保护制定立法；应提高认识以实施此类政策
中国	针对黑土保护，有一部国家法律和两部省级法规	2022年6月24日，第十三届全国人民代表大会常务委员会第三十五次会议通过了《中华人民共和国黑土地保护法》。该法律包含8条规定，涉及确定保护范围、评估、监测、处罚以及确保黑土作为耕地使用。吉林省自2016年以来开展了黑土保护的地方立法工作，包括规划与评估、具体保护措施、监督与管理、法律责任及附则等。黑龙江省制定了关于黑土保护的地方法规，涵盖黑土使用与规划、保护与修复、建设与利用、监测与评估、监督与管理及法律责任等方面	农业农村部最近启动了黑土地保护性耕作行动计划，并颁布了《国家黑土地保护工程实施方案（2021—2025年)》	应进一步加大保护力度，明确保护范围，构建保护机制，建立保护体系，构建法律责任体系

（续）

国家	针对黑土的专门立法	与黑土相关的法律法规	国家层面的土壤保护研究与项目	黑土保护的政策和制度约束
保加利亚		保加利亚在土壤保护方面的法律手段包括规范等级体系、现行法律的可理解性和可及性原则。相关法律法规内容包含在以下规范性法律文件中：《土壤法》《农业用地保护法》和《环境保护法》	《农村发展项目》（保加利亚政府，2014）支持并（以补贴或补偿金的形式）资助农业和农村地区与环境保护相关的活动，包括土壤和水的保护以及欧盟Natura 2000自然保护地网络，特别是在2013—2020年的第二个项目规划期内	就土壤（包括黑土）影响评估而言，对保加利亚现行法律法规的分析显示，该领域缺乏按照相关标准制定的统一程序。基于上述事实，可推断出，相关法律法规存在碎片化现象
波兰		《农业和林业用地保护法》（波兰政府，2017）旨在保护波兰农业用地上的优质矿质土壤和所有有机土壤	自1995年以来，在全国范围内开展"耕地土壤化学监测"项目（波兰政府，1995），每5年对耕地的土壤污染状况进行一次监测	针对黑土，没有专门的评估标准，但与其他耕地一样，必须严格符合法规中规定的各项标准（波兰政府，2016）
土耳其		第5403号法，目的是明确土壤资源（含黑土）保护和开发的原则和程序，确保其按照环境优先事项和可持续发展原则进行规划利用（土耳其，2005）	为切实保护土壤，该法律依据第5条、第6条和第12条，采取了两项主要机制：①在各省设立"土壤保护委员会（SPB）"；②制定土壤保护项目（SCP）	需要加强不同政府机构之间的协调并改善土壤信息分布结构，这是实施《可持续土壤管理自愿准则》（VGSSM）的主要挑战

（续）

国家	针对黑土的专门立法	与黑土相关的法律法规	国家层面的土壤保护研究与项目	黑土保护的政策和制度约束
俄罗斯		关于黑土保护的规范性文件可以分为3类：①与黑土可持续管理相关的文件：《土地使用者责任守则》，该文件在别尔哥罗德行政区通过；②与农业用地可持续土壤管理相关的文件；③与保护某些地区肥沃表土相关的文件，这些地区因建筑、采矿、地质勘测及其他活动而使表土受到污染或破坏	联邦重点项目"俄罗斯联邦国家宝藏——农业用地和农业景观的土壤肥力保护与修复"于2006年2月20日启动	需要开展进一步研究，以更清晰地分类重金属和有毒元素含量的超标情况；还需要将受污染的上层肥沃土壤指标与背景值进行比较，但背景区域的选择会对上述指标产生较大影响，因此如何选择背景区域是一大障碍
斯洛伐克		斯洛伐克与黑土保护相关的法律包括《农业土壤保护与利用法》（《土壤保护法》）、《水法》《污水污泥应用法》及《环境影响评估法》	斯洛伐克土壤科学与保护研究所（SSCRI）下属的土壤服务部负责收集斯洛伐克的土壤质量数据，并确保土地所有者及租户遵守《土壤保护法》的相关规定	规定的措施和活动应易于理解，以便土地所有者和租户采取行动改善现状

资料来源：作者提供以及附录中黑土分布国家的法律说明。

19 | 国家黑土地保护实施方案

黑土监测，中国嫩江市

若土壤能维持或增强其在支持、供给、调节和文化服务等方面的功能，且不会显著损害支撑这些服务的土壤功能与生物的多样性，那么这种土壤管理方式即可持续土壤管理。保护性耕作是一种可持续土壤管理（SSM）实践，采用作物秸秆覆盖和免耕方式，可有效减少土壤的风蚀和水蚀，提高土壤肥力，增强保水抗旱能力，并改善农业生态和经济效益。中国政府计划在东北地区的黑土地上大力推广可持续土壤管理实践，包括保护性耕作和其他技术。中国农业农村部（MARA）于2020年启动了黑土区保护性耕作国家行动计划，旨在两年内在730万公顷土地上实施可持续土壤管理（中华人民共和国农业农村部，2020）。

中国农业农村部及相关部门发布了《国家黑土地保护工程实施方案(2021—2025年)》（中华人民共和国农业农村部，2021）。该方案为未来5年黑土地的保护和利用提供了指导，明确了具体的目标任务，即按照指导意见，在2030年前实施1 670万公顷黑土地保护任务。

20 | 黑土地保护法

黑土监测，中国嫩江市

　　《中华人民共和国黑土地保护法》自2022年8月1日起施行（新华社，2022；北大法律英文网，2022）。根据该法，黑土地是指黑龙江省、吉林省、辽宁省、内蒙古自治区的相关区域范围内具有黑色或暗黑色腐殖质表土层，性状好、肥力高的耕地。国务院农业农村主管部门应当结合黑土地开垦历史和现状，确定黑土地保护范围。黑土地保护应以科学合理的方式进行，依据最有利于综合保护、统筹管理和系统修复的原则对保护工作进行调整。该法律规定，中国应实施科学有效的黑土地保护政策，应保障黑土地保护的财政投入，采取工程、农艺、农业和生物措施，保护黑土地的生产力，并保持黑土地总面积不减小。此外，该法还强调，对于盗挖、乱挖或非法购买黑土者，将依照土壤管理相关法律法规予以严惩。

5 结论与建议

5.1 结论

基于所有相关专家的贡献，本书首次尝试汇编和评述黑土现状，以下内容是对这些结论的总结：

黑土覆盖了全球7.25亿公顷的土地，占全球土地总面积的5.6%。主要分布在俄罗斯（3.268亿公顷）、哈萨克斯坦（1.08亿公顷）、中国（5 000万公顷）、阿根廷（4 000万公顷）、蒙古国（3 900万公顷）、乌克兰（3 400万公顷）和美国（3 100万公顷）。

黑土是土壤有机碳的主要存储库：大约储存了560亿吨（Pg）碳。这一碳库在碳循环中的作用及其在气候变化（缓解、适应和增强韧性）中的重要性不容忽视。黑土有机碳储量占全球总量的8.2%，有机碳固存潜力占全球总潜力的10%。其中，欧洲和欧亚大陆的黑土固碳潜力最高，在总量中的占比超过65%；而拉丁美洲和加勒比地区则约有10%的黑土。维护黑土中的现有碳储量并发挥其潜在的碳固存能力，应成为全球的优先事项。

黑土对全球的口粮供应和营养保障至关重要，可称之为"世界的食物篮子"。虽然，黑土仅约占全球耕地面积的17%，但2010年全球66%的葵花籽、51%的小米、42%的甜菜、30%的小麦和26%的马铃薯均产自黑土。

黑土自然肥力高、有机碳含量丰富，土壤生物多样性互动非常活跃，非常适合农业生产。然而，目前黑土主要用于集约化农业耕作，且许多情况下土壤管理实践不可持续，导致黑土肥力不断退化，引发了人们的担忧。

虽然约31%的全球黑土被用于耕作，但仍有相当一部分黑土依然覆盖着原始自然植被，其中29%的黑土覆盖着森林、37%的黑土覆盖着草原。未开垦的黑土集中分布在俄罗斯和加拿大，这些土壤一旦转变为其他用途，就会向大气释放大量碳。因此，保护这些未开垦的黑土应成为全球优先事项。

　　总体而言，黑土的保护和可持续管理应成为全球的首要任务，不仅是对拥有黑土的国家而言，对全世界而言都至关重要，因为我们的粮食安全很大程度上依赖黑土。关键的第一步是建立一个监测系统，用以评估黑土状况及其变化情况。表5-1总结了全球黑土在可持续管理、保护以及政策层面的现状和挑战。

表5-1　全球黑土现状及挑战

主题	现状及挑战
可持续利用和管理	耕作黑土的土壤有机碳（SOC）流失和侵蚀问题持续存在，导致温室气体（GHG）排放量增加，自然肥力丧失。 由于缺乏技术支持、经验分享、财政激励和支持性环境，农民在应用可持续土壤管理（SSM）实践时受到限制。 黑土的管理存在相似性，但可持续土壤管理（SSM）实践应根据当地的土壤气候和社会经济条件进行调整。 黑土的酸化、盐碱化和污染问题尚未得到充分研究，现有研究成果也不显著。 大面积黑土区面临各种类型的土壤退化和武装冲突威胁，导致黑土可持续利用和管理政策的实施困难重重
保护和保存	由于城市快速扩张，土壤封闭①对黑土的保护和保存构成了持续威胁。 黑土的保护和保存措施差异较大（从地方到全球层面均有不同）
政策和有利环境	各国的土壤政策普遍涉及土壤保护和可持续管理，但仅有中国政府专门制定了保护黑土的政策。 缺乏促进黑土可持续管理（保护、保育和生产）的共识与协议

资料来源：作者提供。

5.2　建议

　　鉴于本报告的前瞻性视角，为了持续享有黑土所提供的服务，所有利益相关方应当考虑以下建议。

农民：

　　通过行之有效的可持续土壤管理（SSM）实践来维持甚至增加土壤有机碳（SOC）储量，这些实践包括免耕、施用粪肥、生物炭、作物生物量管理、有机覆盖物、多年生作物、免耕带状耕作以及土壤和水分保护技术。同时，采取如种植覆盖作物、作物-畜牧混合农业系统以及免耕等可持续土壤管理实

---

　　① "土壤封闭"指的是土壤被建筑物、道路或其他人造结构覆盖，导致土壤失去自然功能和生态作用。这个过程通常伴随着土地的硬化和不透水化，使得土壤无法有效进行水分渗透、气体交换以及维持自然生态。——译者注

践，以减少温室气体排放。

研究人员：

- 支持开展基于科学证据的有效实践，以促进黑土的可持续管理。
- 通过科学研究为完善黑土定义和建立黑土监测系统作出贡献。

各国政府：

- 通过国家财政激励措施，鼓励农民采纳经过验证的可持续土壤管理实践，更好地保护黑土。
- 在拥有黑土的国家推广"全球土壤再碳化"（RECSOIL）倡议。
- 建立国家级专项计划，重点开展黑土管理和恢复的研究。
- 出台相关支持政策，动员国内外财政资源，推动黑土的可持续管理、恢复和保护。

© 粮农组织/Ronal Vargas

国际黑土联盟：

- 加强对黑土重要性的宣传，提高公众对黑土（全球最具生产力且面临威胁的自然资源）这一特质的认识。
- 完善"黑土"现有定义，倡导由国际黑土联盟牵头建立黑土监测系统。
- 倡导各国采取措施，推动全球黑土的可持续管理、保护和利用。
- 加强黑土国家之间的技术合作，提高可持续管理和监测黑土的能力。

附录A 法律文书

A.1 巴西

- 《土壤保护与侵蚀防治计划及其他措施》，由巴西农业部于1975年7月14日予以颁布。
- 《国家环境政策实施方案》，由巴西农业部于1981年8月31日颁布，其中包括政策目标、制定与实施机制及其他相关规定。
- 《全国水资源政策》，于1997年1月8日被纳入《巴西联邦共和国宪法》。
- 《国家气候变化政策》，由巴西国民议会于2009年12月29日通过。
- 《减缓和适应气候变化、巩固农业低碳经济的部门计划（ABC计划）》，由农业、畜牧业和供应部于2012年颁布。
- 《原生植被保护规定》，由巴西国民议会于2012年5月25日通过。
- 《关于防治荒漠化、缓解干旱造成的影响及其相关措施的规定》（包括设立国家防治荒漠化委员会），由巴西国民议会于2015年7月30日通过。
- 《原生植被恢复》，于2017年1月23日被纳入《巴西联邦共和国宪法》。
- 《环境服务支付》，于2021年1月13日被纳入《巴西联邦共和国宪法》。

A.2 保加利亚

- 《欧洲土壤保护与可持续管理宪章（修订版）》，由欧洲委员会部长委员会于2003年7月17日通过。
- 《土壤保护主题战略》，由欧洲委员会部长委员会于2006年9月22日通过。
- 《土壤保护框架及修订指令》，由欧洲委员会部长委员会于2006年9月22日通过。

- 《共同农业政策的融资、管理与监测框架及相关理事会条例的废止》，由欧洲委员会部长委员会于2013年12月17日通过。
- 《防止农业源头硝酸盐污染水体的保护措施》，由欧洲委员会部长委员会于1991年12月12日通过。
- 《实现农药可持续使用的社区行动框架》，由欧洲委员会部长委员会于2009年10月21日通过。
- 《良好农业和环境条件》，由欧洲委员会部长委员会于2015年4月14日通过。
- 《废弃物管理及废止部分指令的决定》，由欧洲委员会部长委员会于2008年11月19日通过。
- 《环境保护规定》（特别是防止农业污水和污泥污染土壤），由欧洲委员会部长委员会于1986年6月12日通过。
- 《洪水风险评估与管理》，由欧洲委员会部长委员会于2007年10月23日通过。
- 《关于公众环境信息的获取与废止部分理事会指令的决定》，由欧洲委员会部长委员会于2003年1月28日通过。
- 《承担环境保护责任：预防和修复环境损害的规定》，由欧洲委员会部长委员会于2004年4月21日通过。
- 《关于公共项目和私人项目对环境影响的评估》，由欧洲委员会部长委员会于2014年4月16日通过。
- 《特定计划和项目对环境影响的评估》，由欧洲委员会部长委员会于2001年6月27日通过。
- 《欧洲共同体空间信息基础设施建设（INSPIRE）》，由欧洲委员会部长委员会于2007年3月14日通过。
- 《工业排放规定（综合污染预防与控制）》，由欧洲委员会部长委员会于2010年11月24日通过。
- 《区域与资源高效欧洲路线图》，由欧洲委员会部长委员会于2011年9月20日通过。
- 《2020年欧盟通用环境行动计划——"在地球承载能力范围内生活得更好"》，由欧洲委员会部长委员会于2013年11月20日通过。
- 《土壤法》，由保加利亚政府于2007年11月6日出台。
- 《农业用地保护法》，由保加利亚政府于2018年9月18日出台。
- 《环境保护法》，由保加利亚政府于2019年5月3日予以颁布。
- 《土壤监测条例（第4号）》，由保加利亚政府于2004年7月1日通过。
- 《预防和消除环境损害责任法》，由保加利亚政府于2017年7月18日正式通过。

- 《农业土地所有权和使用权法——土地征用法》，由保加利亚政府于1991年3月1日通过，并于2017年7月18日进行了修订。
- 《土壤中有害物质允许含量标准（第3号令）》，由保加利亚政府于2010年2月5日予以通过。
- 《土壤监测条例（第4号）》，由保加利亚政府于2009年3月13日进行修订。
- 《扰动地块的复垦、低产土地的改良、腐殖质层的移除和利用（第26号条例）》，由保加利亚政府于1996年10月22日批准，并于2002年3月22日进行修订。
- 《受污染土壤区域的清查和调查、必要的恢复措施及现有恢复措施的维护（第30号条例）》，由保加利亚政府于2007年2月16日通过，并于2007年10月17日正式生效。
- 《防止农业源头硝酸盐污染水体（第2号条例：20070913）》，由保加利亚政府于2008年3月11日通过，并于2011年12月9日进行修订。
- 《农村发展计划》，由保加利亚政府于2013年出台。
- 《国家可持续土地管理与抵御荒漠化行动计划（2014—2020年）（修订版）》，由保加利亚政府于2014年6月通过。
- 《国家发展计划：保加利亚2020》，由保加利亚政府于2020年通过。
- 《保加利亚可持续农业发展战略（新编程期2021—2027年）》，由保加利亚政府于2020年通过。
- 《脆弱区域限制农业源头硝酸盐污染与预防措施计划》，由保加利亚政府于2016年5月5日通过。
- 《保加利亚共和国国家计划（2015—2020年）：预防滑坡、减少多瑙河和黑海沿岸的侵蚀与磨损》，由保加利亚政府于2015年6月通过。
- 《洪水风险管理计划（2016—2021年）》和《流域管理计划（2016—2021年）》，由保加利亚政府于2015年通过。
- 《保加利亚农业可持续发展国家战略（2014—2020年）》，由保加利亚政府于2013年3月通过。
- 《保加利亚持久性有机污染物（POPs）管理国家行动计划（2012—2020年）（修订版）》，由保加利亚政府于2011年通过。
- 《土壤功能保护、可持续利用与恢复国家计划（2019—2028年）》，由保加利亚政府于2019年11月3日通过。

A.3　加拿大

- 《阿尔伯塔省作物种植者有益环境实践》，由阿尔伯塔省农业、粮食与农村发展局于2020年11月19日通过。

- 《土壤保护法》，由加拿大阿尔伯塔省政府于2020年11月19日通过。
- 《土壤管理指南：粮食安全与农业农村发展倡议》，由加拿大曼尼托巴省政府于2008年通过。
- 《土壤、肥力与养分》，由加拿大萨斯喀彻温省政府于2020年11月19日通过。

A.4　中国

- 《中华人民共和国黑土地保护法》，由第十三届全国人民代表大会常务委员会第三十五次会议于2022年6月24日通过，自2022年8月1日起施行。
- 《东北黑土地保护规划纲要（2017—2030年）》，由中国农业农村部等部门于2017年6月15日联合印发。
- 《东北黑土地保护性耕作行动计划（2020—2025年）》，由中国农业农村部和财政部于2020年2月25日联合印发。
- 《国家黑土地保护工程实施方案（2021—2025年）》，由中国农业农村部等部门于2021年6月30日联合印发。
- 《黑龙江省耕地保护条例》，由中国黑龙江省第十二届人民代表大会常务委员会第二十五次会议于2016年4月21日通过。
- 《吉林省黑土地保护条例》，由吉林省第十三届人民代表大会常务委员会第三十七次会议于2022年11月30日修订。
- 《辽宁省耕地质量保护办法》，由中国辽宁省人民政府发布，自2006年12月1日起施行。
- 《内蒙古自治区耕地保养条例》，由内蒙古自治区第九届人民代表大会常务委员会第五次会议于1998年9月28日通过。

A.5　蒙古国

- 《蒙古国土地法》，由蒙古国政府于2022年颁布。
- 《蒙古国农业法》，由蒙古国政府于2016年颁布。

A.6　波兰

- 《农业和森林土地保护法》，由波兰政府于1995年2月3日颁布。

- 《土地表面污染评估方法（环境部长令）》，于2016年9月1日颁布。
- 《波兰耕地土壤化学监测》，由波兰政府于2015年颁布。

A.7 俄罗斯

- 《土地利用者行为规范》，由俄罗斯联邦政府于2015年1月26日颁布。
- 《国家农业用地肥力管理条例（国家级）》，由俄罗斯联邦政府于2021年12月30日颁布。
- 《俄罗斯联邦行政区土壤肥力指标计算方法》，由俄罗斯联邦政府于2017年6月7日颁布。
- 《农业用地国家监测程序批准令》，由俄罗斯联邦政府于2015年12月24日通过。
- 《农业用地肥力状况指标国家登记程序批准令》，由俄罗斯联邦政府于2010年5月4日通过。
- 《俄罗斯联邦土地法典（第42条）》，由俄罗斯联邦政府于2001年10月25日通过，并于2022年2月16日修订。
- 《法规的适用范围：国家级（2001年）》，由俄罗斯联邦政府于2001年10月25日颁布，并于2022年3月1日修订。
- 《关于农业用地肥力显著下降标准的批准令》，由俄罗斯联邦政府于2011年7月22日批准。
- 《行政违法法典》（第8.6条"土壤恶化和破坏"，条款1和条款2），由俄罗斯联邦政府于2014年通过。
- 《行政违法法典》（第8.7条"未履行土地复垦义务、强制性土地改良和土壤保护措施"，条款1和条款2），由俄罗斯联邦政府于2001年12月30日通过，并于2022年3月1日修订。
- 《联邦法第7-FZ号（2002年1月10日）〈环境保护法〉（第77条）》，由俄罗斯联邦政府于2002年1月10日通过，并于2021年12月30日修订。
- 《土壤作为环境保护对象的损害金额计算方法》，由俄罗斯联邦政府于2010年7月8日颁布，并于2021年11月18日修订。

A.8 斯洛伐克

- 《第220/2004a号法案汇编：农业用地保护与利用法及第245/2003号法案〈关于综合污染防治与控制法〉的修订案》，由斯洛伐克政府于2004年4月28日通过。

- 《第 188/2003 号法案汇编：污泥和底泥在土壤中的应用规定及第 223/2001 号法案〈关于废弃物〉及其他相关法律的修订案》，由斯洛伐克政府于 2003 年 4 月 6 日通过。
- 《第 136/2000 号法案汇编：肥料生产使用管理法及第 394/2015 号法案的修订案》，由斯洛伐克政府于 2000 年 4 月 21 日通过。
- 《第 330/1991 号法案汇编：土地整治、土地所有权安排、土地管理办公室、土地基金及土地协会管理法》，由斯洛伐克政府于 1991 年 7 月 12 日通过。
- 《第 24/2006 号法案汇编：环境影响评估法及对某些法案的修订案》，由斯洛伐克政府于 2006 年 1 月 20 日通过。
- 《土地整治中的土地价值规定》，由斯洛伐克政府于 2020 年 10 月 27 日通过。
- 《农业土壤保护规定》，由斯洛伐克政府于 2020 年 10 月 27 日通过。
- 《腐殖质层厚度规定》，由斯洛伐克政府于 2020 年 10 月 27 日通过。
- 《污水污泥和底泥使用管理办法》，由斯洛伐克政府于 2020 年 10 月通过。
- 《硝酸盐使用管理办法》，由斯洛伐克政府于 2020 年 10 月 27 日通过。

A.9　泰国

- 《土地开发法》，由泰国政府于 2020 年 11 月 1 日通过。

A.10　波兰

- 《土壤保护与土地利用法》，由波兰政府于 2005 年 5 月 19 日通过。
- 《农业土地保护、利用与规划条例》，由波兰政府于 2017 年 11 月 9 日通过。

A.11　乌拉圭

- 《农业用地中土壤和地表水的利用与保护条例》，由乌拉圭政府于 1981 年 12 月 23 日通过。
- 《土壤和地表水的使用与保护条例》，由乌拉圭政府于 2004 年 9 月 16 日通过，并于 2008 年 9 月 16 日修订。
- 《水资源和土壤的使用与管理条例及违规处罚规定》，由乌拉圭政府于

2009年9月11日通过。

- 《作物所需措施手册：关于负责任使用与管理土壤的计划编制与呈报指南》，由乌拉圭政府于2013年3月18日通过。
- 《作物所需措施手册》，由乌拉圭政府于2008年通过。
- 《国家薪资支出和投资预算（2015—2019财年）》，由乌拉圭政府于2015年12月19日通过。
- 《关于负责任使用与管理土壤的计划呈报条例》，由乌拉圭政府于2018年11月14日通过。

A.12 乌克兰

- 《乌克兰土地法典》，由乌克兰政府于2002年1月1日通过。
- 《乌克兰土地资源国家委员会管理条例》，由乌克兰政府于2003年10月6日通过。
- 《乌克兰立法修正案：关于健全试点土地自主开发责任的法规》，由乌克兰政府于2012年4月13日通过。
- 《土地保护条例》，由乌克兰政府于2003年6月19日通过。
- 《土地保护程序条例》，由乌克兰农业政策与粮食部于2013年4月26日通过。

参考文献 | REFERENCES

Abrar, M.M., Xu, M., Shah, S.A.A., Aslam, M.W., Aziz, T., Mustafa, A., Ashraf, M.N., Zhou, B. & Ma, X. 2020. Variations in the profile distribution and protection mechanisms of organic carbon under long-term fertilization in a Chinese Mollisol. *Science of the Total Environment*, 723: 138181.

Allen, V. G., Batello, C., Berretta, E. J., Hodgson, J., Kothmann, M., Li, X., McIvor, J., Milne, J., Morris, C., Peeters, A. & Sanderson, M. 2011. An international terminology for grazing lands and grazing animals. *Grass and Forage Science*, 66(1): 2–28.

Adhikari, K. & Hartemink, A.E. 2016. Linking soils to ecosystem services: A global review. *Geoderma*, 262: 101–111. https://doi.org/10.1016/j.geoderma.2015.08.009.

Agriculture & Agri-Food Canada. 2003. Prairie soils: The case for conservation. Cited 15 September 2020. http://www.rural-gc.agr.ca/pfra/soil/prairiesoils.htm.

Agriculture & Agri-Food Canada. 2011. *Soil erosion indicators in Canada*. Government of Canada, Ottawa.

Almeida, J.A. 2017. Solos das pradarias mistas do sul do Brasil (Pampa Gaúcho). In: N. Curi, J.C. Ker, R.F. Novais, P. Vidal-Torrado & C.E.G.R. Schaefer, eds. *Pedologia: Solos dos Biomas Brasileiros*, pp. 407–466. 1ª Edição. Viçosa, MG: Sociedade Brasileira de Ciência do Solo.

Alvarez, C. R., Taboada, M. A., Gutierrez Boem, F. H., Bono, A., Fernandez, P. L. & Prystupa, P. 2009. Topsoil properties as affected by tillage systems in the Rolling Pampa region of Argentina. *Soil Science Society of America Journal,* 73(4): 1242–1250.

Alvarez, C.R., Taboada, M.A., Perelman, S. & Morrás, H.J.M. 2014. Topsoil structure in no-tilled soils in the Rolling Pampa, Argentina. *Soil Research*, 52(6): 533–542. https://doi.org/10.1071/SR13281.

Amelung, W., Bossio, D., de Vries, W., Kögel-Knabner, I., Lehmann, J., Amundson, R., Bol, R. et al. 2020. Towards a global-scale soil climate mitigation strategy. *Nature Communications*, 11(1): 5427. https://doi.org/10.1038/s41467–020–18887–7.

Amiro, B., Tenuta, M., Hanis-Gervais, K., Gao, X., Flaten, D., Rawluk, C. & Lupwayi, N. 2017. Agronomists' views on the potential to adopt beneficial greenhouse gas nitrogen management practices through fertilizer management. *Canadian Journal of Soil Science,* 97(4): 801–804.

Andrade, B.O., Koch, C., Boldrini, I.I., Vélez-Martin, E., Hasenack, H., Hermann, J.M., Kollmann, J., Pillar, V.D. & Overbeck, G.E. 2015. Grassland degradation and restoration:

a conceptual framework of stages and thresholds illustrated by southern Brazilian grasslands. *Natureza & Conservação*, 13: 95–104.

Andrade, H., Espinosa, E. & H. Moreno. 2014. Impact of grazing in soil organic storage carbon in high lands of Anaime, Tolima, Colombia. *Zootecnia Tropical (Venezuela)*, 32(1):7–21.

Anne, S.B. 2015. The secret of black soil. DW, 20 January 2015. In: *DW.COM*. Cited 30 May 2022. https://www.dw.com/en/the-secret-of-black-soil/a-18199797.

Antonenko, D.A., Nikiforenko, Y.Y., Melnik, O.A., Yurin, D.A. & Danilova, A.A. 2022. Organomineral compost and its effects for the content of heavy metals in the top layer leached chernozem. *IOP Conference Series: Earth and Environmental Science*, pp. 012028. IOP Publishing.

Aquino, R.E., Campos, M.C.C., Oliveira, I.A., Marques Júnior, J. & Silva, D.M.P. 2014. Variabilidade espacial de atributos físicos de solos antropogênico e não antropogênico na região de Manicoré, AM. *Bioscience Journal*, 30(5): 988–997.

Arshad, M.A., Soon, Y.K. & Azooz, R.H. 2002. Modified no-till and crop sequence effects on spring wheat production in northern Alberta, Canada. *Soil and Tillage Research,* 65: 29–36.

Assefa, B.A., Schoenau J.J. & Grevers M.C.J. 2004. Effects of four annual applications of manure on Black Chernozemic soils. *Canadian Biosystems Engineering,* 46(6): 39–46.

Avellaneda-Torres, L.M., León-Sicard, T.E. & Torres-Rojas, E. 2018. Impact of potato cultivation and cattle farming on physicochemical parameters and enzymatic activities of Neotropical high Andean Páramo ecosystem soils. *Science of The Total Environment*, 631–632: 1600–1610. https://doi.org/10.1016/j.scitotenv.2018.03.137.

Avetov, N.A., Alexandrovskii, A.L., Alyabina, I.O., Dobrovolskii, G.V. & Shoba, S.A. 2011. *National Atlas of Russian Federation's soils.* Moscow, Astrel.

Avila, L.A., Martini, L.F.D., Mezzomo, R.F., Refatti, J.P., Campos, R.L., Cezimbra, D.M., Machado, S.L.O., Massey, J., Carlesso, R.L. & Marchesan, E. 2015. Rice water use efficiency and yield under continuous and intermittent irrigation. *Agronomy Journal,* 107: 442–458.

Azooz, R.H. & Arshad, M.A. 1998. Effect of tillage and residue management on barley and canola growth and water use efficiency. *Canadian Journal of Soil Science,* 78: 649–656.

Baethgen, W. & Morón, A. 2000. Carbon sequestration in agricultural production systems of Uruguay: Observed data and CENTURY model simulation runs. *Anales de la V Reunión de la Red Latinoamericana de Agricultura Conservacionista*. Florianópolis, Brasil.

Bailey, A.W., McCartney, D. & Schellenberg, M.P. 2010. Management of Canadian Prairie Rangeland. 13 October 2020. (also available at https://www.beefresearch.ca/files/pdf/fact sheets/991_2010_02_TB_RangeMgmnt_E WEB_2_.pdf).

Balashov, E. & Buchkina, N. 2011. Impact of short-and long-term agricultural use of chernozem on its quality indicators. *International Agrophysics*, 25(1).

Baliuk, S. A. & Kucher, A. V. 2019. Spatial features of soil cover as a basis for sustainable soil management (In Ukrainian). *Ukrainian Geographical Journal*, 3 (107): 3–14. https://doi.org/ https://doi.org/10.15407/ugz2019.03.003.

Baliuk, S. A., Miroshnychenko, M. M. & Medvedev, V. V. 2018. Scientific bases of stable management of soil resources of Ukraine (In Ukrainian). *Bulletin of Agricultural Science*, 11: 5–12. https://doi.org/https://doi.org/10.31073/agrovisnyk201811–01.

Baliuk, S., Nosonenko, A., Zakharova, M., Drozd, E., Vorotyntseva, L. & Afanasyev, Y. 2017. Criteria and parameters for forecasting the direction of irrigated soil evolution. *Soil science working for a living*, pp. 149–158. Springer.

Baliuk, S.A. & Miroshnychenko, M.M. 2016. *Fertilizer systems of crops in agriculture at the beginning of XXI Century*. Kyiv, Ukraine, Alpha-stevia express.

Balyuk S.A. & Medvedev, V.V. 2012. *Strategy of balanced use, reproduction and management of soil resources of Ukraine (In Ukranian)*. Kiev, Agrarian science.

Balyuk, S.A. & Medvedev, V.V. 2015. *The concept of organization and functioning of soil monitoring in Ukraine taking into account the European experience (scientific publication)* (In Ukrainian). NSC Sokolovsky Institute of Soil Science and Agrochemistry. Kharkiv, TOV "Smuhasta typohrafiya".

Balyuk, S.A., Medvedev, V.V. & Miroshnichenko, M.M. 2018. *The concept of achieving a neutral level of degradation of lands (soils) of Ukraine* (In Ukrainian). NSC IGA. Kharkiv, Brovin O.V.

Balyuk, S.A., Medvedev, V.V., Miroshnichenko, M.M., Skrylnyk, E.V., Tymchenko, D.O., Fateev, A.I., Khristenko, A.O. & Tsapko, Yu. L. 2012. Ecological condition of soils of Ukraine (In Ukrainian). *Ukrainian Geographical Journal*, 2: 38–42.

Balyuk, S.A., Medvedev, V.V., Tarariko, O.G., Grekov, V.O. & Balaev, A.D. 2010. *National report on the state of soil fertility of Ukraine* (In Ukrainian). MAPU, State Center for Fertility, NAAS, NSC IGA, NULES.

Banik, C., Koziel, J.A., De, M., Bonds, D., Chen, B., Singh, A. & Licht, M.A. 2021. Biochar-Swine Manure Impact on Soil Nutrients and Carbon Under Controlled Leaching Experiment Using a Midwestern Mollisols. Front. *Environ. Sci*, 9(10.3389).

Baron, V.S., Mapfumo, E., Dick, A.C., Naeth, M.A., Okine, E.K. & Chanasyk, D.S. 2002. Grazing intensity impacts on pasture carbon and nitrogen flow. *Journal of Range Management*, 55: 535–541.

Bedendo, D., 2019. Soils of Entre Ríos. In G. Rubio, R. Lavado, & F. Pereyra, eds. *The Soils of Argentina*, Switzerland：Springer, 165–173.

Behling, H. 2002. South and southeast Brazilian grasslands during Late Quaternary times: A synthesis. *Palaeogeogr.Palaeoclimatol. Palaeoecol*, 177: 19–27.

Belyuchenko, I.S. & Antonenko, D.A. 2015. The influence of complex compost on the aggregate composition and water and air properties of an ordinary chernozem. *Eurasian Soil Science*, 48(7): 748–753.

Bender, M. 1971. Variation in the $^{13}C/^{12}C$ ratios of plants in relation to the pathway of photosynthetic carbon dioxide fixation. *Phytochemistry,* 10: 1239–124.

Bennetzen, E.H., Smith, P. & Porter, J.R. 2016. Decoupling of greenhouse gas emissions from global agricultural production: 1970–2050. *Global Change Biology*, 22(2): 763–781. https://

doi.org/10.1111/gcb.13120.

Bieganowski, A., Witkowska-Walczak, B., Glinski, J., Sokolowska, Z., Slawinski, C., Brzezinska, M. & Wlodarczyk, T. 2013. Database of Polish arable mineral soils: A review. *International Agrophysics*, 27(3).

Bilanchyn, Y., Tsurkan, O., Tortyk, M., Medinets, V., Buyanovskiy, A., Soltys, I. & Medinets, S. 2021. *Post-irrigation state of black soils in south-western Ukraine*. In: D. Dent & B. Boincean, eds. *Regenerative Agriculture*, pp.303–309. Cham, Springer International Publishing.

Blackshaw, R.E., Molnar, L.J. & Moyer, J.R. 2010. Suitability of legume cover crop-winter wheat intercrops on the semi-arid Canadian prairies. *Canadian Journal of Plant Science*, 90(4): 479–488.

Bockheim, J. G. & Hartemink, A. E. 2017. Soil-forming processes. *The Soils of Wisconsin*: 55–65.

Boroday, I. I. 2019. The main factors of soil degradation in Ukraine (In Ukrainian). Proceedings of the International Scientific and Practical Conference Youth and Technological Progress in Agriculture. *Innovative Developments in the Agricultural Sphere*, 2: 228–229.

Borodina, O., Kyryzyuk, S., Yarovyi, V., Ermoliev, Y. & Ermolieva, T. 2016. Modeling local land uses under the global change (In Ukrainian). *Economics and Forecasting*, 1: 117–128. https://doi.org/https://doi.org/10.15407/eip2016.01.117.

Bossio, D.A., Cook-Patton, S.C., Ellis, P.W., Fargione, J., Sanderman, J., Smith, P., Wood, S., Zomer, R. J., von Unger, M., Emmer I. M. & Griscom, B.W. 2020. The role of soil carbon in natural climate solutions. *Nature Sustainability*, 3(5): 391–398. https://doi.org/10.1038/s41893–020–0491-z.

Bradshaw, B., Dolan, H. & Smit, B. 2004. Farm-level adaptation to climatic variability and change: crop diversification in the Canadian prairies. *Climatic Change*, 67(1): 119–141.

Breiman, L. 2001. Random forests. *Machine Learning*, 45(1): 5–32.

Brevik, E.C. & Sauer, T.J. 2015. The past, present, and future of soils and human health studies. *Soil*, 1(1): 35–46. https://doi.org/10.5194/soil-1–35–2015.

Britannica. 2022. Dust Bowl. In: *Encyclopedia Britannica*. Cited 6 June 2022. https://www.britannica.com/place/Dust-Bowl. Accessed 12 October 2022.

Brooks, J. R., Flanagan, L. B., Buchmann, N. & Ehleringer, J. R. 1997. Carbon Isotope composition of boreal plants: Functional grouping of life forms. *Oecologia*, 110: 301–311.

Bruulsema, T.W., Peterson, H.M. & Prochnow, L.I. 2019. The science of 4R nutrient stewardship for phosphorus management across latitudes. *Journal of Environmental Quality*, 48(5): 1295–1299.

Bui, E.N. & Moran, C.J. 2001. Disaggregation of polygons of surficial geology and soil maps using spatial modelling and legacy data. *Geoderma*, 103(1–2): 79–94.

Buytaert, W., Iñiguez, V., Celleri, R., de Biévre, B., Wyseure, G. & Deckers, J. 2006. Analysis of the water balance of small paramo catchments in south Ecuador. In *Environmental Role of*

Wetlands in Headwaters; Springer: Dordrecht The Netherlands, 271–281.

Buytaert, W., Célleri, R., De Bièvre, B., Cisneros, F., Wyseure, G., Deckers, J. & Hofstede, R. 2006. Human impact on the hydrology of the Andean páramos. *Earth-Science Reviews,* 79: 53–72.

Cabrera, A.L. & Willink, A. 1980. *Biogeografia da America Latina.* Second ed. OEA, Washington.

Cai, H.G., Mi, G.H. & Zhang, X.Z. 2012. Effect of different fertilizing methods on nitrogen balance in the black soil for continuous maize production in northeast China. *Journal of Maize Sciences*, 18(1): 89–97. (In Chinese)**.**

Campbell, C.A., Biederbeck, V.O., Selles, F., Schnitzer, M. & Stewart, J.W.B. 1986. Effect of manure and P fertilizer on properties of a Black Chernozem in southern Saskatchewan. *Canadian Journal of Soil Science*, 66(4): 601–614.

Campbell, C.A., Biederbeck, V.O., Zentner, R.P. & Lafond, G.P. 1991. Effect of crop rotations and cultural practices on soil organic matter, microbial biomass and respiration in a thin black Chernozem. *Canadian Journal of Soil Science*, 71: 363–376.

Campbell, C.A., Selles, F., Lafond, G.P., Biederbeck, V.O. & Zentner, R.P. 2001. Tillage – fertilizer changes: Effect on some soil quality attributes under long-term crop rotations in a thin Black Chernozem. *Canadian Journal of Soil Science*, 81(2):157–165.

Campos, M.C.C., Alho, L.C., Silva, D.A.P., Silva, M.D.R., Cunha, J.M. & Silva, D.M.P. 2016. Distribuição espacial do efluxo de CO_2 em área de terra preta arqueológica sob cultivo de cacau e café no município de Apuí, AM, Brasil. *Revista Ambiente & Água*, 11(4): 788–798.

Campos, M.C.C., Ribeiro, M.R., Souza Júnior, V.S., Ribeiro Filho, M.R., Souza, R.V.C.C. & Almeida, M.C. 2011. Caracterização e classificação de terras pretas arqueológicas na Região do Médio Rio Madeira. *Bragantia*, 70(3): 598–609.

Cárdenas, C. de los A. 2013. El fuego y el pastoreo en el páramo húmedo de Chingaza (Colombia): efectos de la perturbación y respuestas de la vegetación. Universitat Autònoma de Barcelona. PhD dissertation.

Castañeda-Martín, A.E. & Montes-Pulido, C.R. 2017. Carbono almacenado en páramo andino. *Entramado*, 13 (1): 210–221. http://dx.doi.org/10.18041/entramado.2017v13n1.25112.

Cattani, D.J. 2019. Potential of perennial cereal rye for perennial grain production in Manitoba. *Canadian Journal of Plant Science*, 99(6): 958–960.

Chaney, N.W., Wood, E.F., McBratney, A.B., Hempel, J.W., Nauman, T.W., Brungard, C.W. & Odgers, N.P. 2016. POLARIS: A 30-meter probabilistic soil series map of the contiguous United States. *Geoderma*, 274: 54–67.

Chang, Q., Wang, L., Ding, S., Xu, T., Li, Z., Song, X., Zhao, X., Wang, D. & Pan, D. 2018. Grazer effects on soil carbon storage vary by herbivore assemblage in a semi-arid grassland. *Journal of Applied Ecology*, 55(5): 2517–2526.

Chantigny, M.H., Angers, D.A., Prévost, D., Vézina, L.-P. & Chalifour, F.-P. 1997. Soil aggregation and fungal and bacterial biomass under annual and perennial cropping systems.

Soil Science Society of America Journal, 61(1): 262–267. https://doi.org/10.2136/sssaj1997.03
615995006100010037x.

Chathurika, J.S., Kumaragamage, D., Zvomuya, F., Akinremi, O.O., Flaten, D.N., Indraratne, S.P. & Dandeniya, W.S. 2016. Woodchip biochar with or without synthetic fertilizers affects soil properties and available phosphorus in two alkaline, chernozemic soils. *Canadian Journal of Soil Science*, 96(4): 472–484.

Chen, F. H. 2012. Foundations on expansive soils (Vol. 12). Elsevier.

Chen, Y., Zhang, X., He, H., Xie, H., Yan, Y., Zhu, P., Ren, J. & Wang, L. 2010. Carbon and nitrogen pools in different aggregates of a Chinese Mollisol as influenced by long-term fertilization. *Journal of Soils and Sediments*, 10(6): 1018–1026.

Choudhary, O.P. & Kharche, V.K. 2018. Soil salinity and sodicity. *Soil Science: An Introduction*, 12: 353–384.

Cicek, H., Entz, M.H., Martens, J.R.T. & Bullock, P.R. 2014. Productivity and nitrogen benefits of late-season legume cover crops in organic wheat production. *Canadian Journal of Plant Science*, 94(4): 771–783.

CIESIN. 2018. Gridded Population of the World, Version 4 (GPWv4): Population Density, Revision 11. Center for International Earth Science Information Network. Cited 31 March 2022. https://doi.org/10.7927/H49C6VHW. Accessed 31st March 2022.

Ciolacu, T. 2017. Current state of humus in arable chernozems of Moldova. *Scientific Papers-Series A, Agronomy*, 60: 57–60.

Clément, C.C., Cambouris, A.N., Ziadi, N., Zebarth, B.J. & Karam, A. 2020. Nitrogen source and rate effects on residual soil nitrate and overwinter NO_3-N losses for irrigated potatoes on sandy soils. *Canadian Journal of Soil Science*, 100(1): 44–57.

Cohen, J.C.P., Beltrão, J.C., Gandu, A.W. & Silva, R.R. 2007. Influência do desmatamento sobre o ciclo hidrológico na Amazônia. Ciência e Cultura, 59(3): 36–39.

Collantes, M.B. & Faggi, A.M. 1999. Los humedales del sur de Sudamérica. In: A.I. Malvárez, ed. *Tópicos sobre humedales subtropicales y templados de Sudamérica,* pp. 15–25. Montevideo, Uruguay, UNESCO.

Conceição, P.C., Bayer, C., Castilhos, Z.M.S., Mielniczuk, J. & Guterres, D.B. 2007. Estoques de carbono orgânico num Chernossolo Argilúvico manejado sob diferentes ofertas de forragem no Bioma Pampa Sul-Riograndense. In *Anais do 31nd Congresso Brasileiro de Ciência do Solo*. Gramado, Rio Grande do Sul.

Cordeiro, F.R. 2020. Funções de Pedotransferência para Padronização de Base de Dados, Critérios de Classificação Taxonômica e Susceptibilidade Magnética em Terra Preta de Índio. Department of Soil. Universidade Federal Rural do Rio de Janeiro. Master dissertation.

Corporación Nacional Forestal (CONAF). 2006. Catastro de uso del suelo y vegetación, región de Magallanes y Antártica Chilena. *Monitoreo y actualización 2006*. Santiago de Chile.

Cuervo-Barahona, E.L., Cely-Reyes, G.E. & Moreno-Pérez, D.F. 2016. Determinación de las fracciones de carbono orgánico en el suelo del páramo La Cortadera, Boyacá. *Ingenio Magno*,

7(2): 139–149.

Cui, W.L., Wang, J.J., Zhu, J. & Kong, F.Z. 2017. "Lishu black land culture" continues to heat up. *Jilin Daily.* http://jiuban.moa.gov.cn/fwllm/qgxxlb/qg/201709/t20170914_5815758.htm.

Cumba, A., Imbellone, P. & Ligier, A. 2005. Propiedades morfológicas, físicas, químicas y mineralógicas de suelos del sur de Corrientes. *Revista de la Asociación Geológica Argentina*, 60 (3): 579–590.

Cunha, J.M., Campos, M.C.C., Gaio, D.C., Souza, Z.M., Soares, M.D.R., Silva, D.M.P. & Simões, E.L. 2018. Spatial variability of soil respiration in Archaeological Dark Earth areas in the Amazon. *Catena*, 162(5): 148–156.

Cunha, J.M., Gaio, D.C., Campos, M.C.C. Soares, M.D.R., Silva, D.M.P. & Lima, A.F.L. 2017. Atributos físicos e estoque de carbono do solo em áreas de Terra Preta Arqueológica da Amazônia. *Revista Ambiente & Água*, 12 (3): 263–281.

Cunha, L., Brown, G.G., Stanton, D.W.G., Da Silva, E., Hansel, F.A., Jorge, G., McKey, D., Vidal-Torrado, P., Macedo, R., Velasquez, E., James, s., Samuel, W. & Lavelle, P.K. 2016. Soil animals and pedogenesis: the role of earthworms in anthropogenic soils. *Soil Science*, 181(3–4): 110–125. https://doi.org/10.1097/SS.0000000000000144.

Degens, B.P. 1997. Macro-aggregation of soils by biological bonding and binding mechanisms and the factors affecting these: A review. *Australian Journal of Soil Research*, 35: 431–459. https://doi.org/10.1071/S96016.

Demattê, J.L.I., Vidal-Torrado, P. & Sparovek, G. 1992. Influência da drenagem na morfogênese de solos desenvolvidos de rochas básicas no município de Piracicaba (SP). *Rev. Bras. Ci Solo*, 16: 241–247.

Demetrio, W.C., Conrado, A.C., Acioli, A.N.S., Ferreira, A.C., Bartz, M.L.C., James, S.W., da Silva, E., Maia, Lilianne S., Martins, Gilvan C., Macedo, Rodrigo S., Stanton, David W. G., Lavelle, P., Velasquez, E., Zangerlé, A., Barbosa, R., Tapia-Coral, S.C., Muniz, A.W., Santos, A., Ferreira, T., Segalla, R., Decaëns, T., Nadolny, H.S., Peña-Venegas, C.P., Maia, C.M.B.F., Pasini, A., Mota, A.F., Taube Júnior, P.S., Silva, T.A.C., Rebellato, L., de Oliveira Júnior, R.C., Neves, E.G., Lima, H.P., Feitosa, R.M., Torrado, P.V., McKey, D., Clement, C.R., Shock, M.P., Teixeira, W.G., Motta, A.C. V., Melo, V.F., Dieckow, J., Garrastazu, M.C., Chubatsu, L.S., Kille, P., TPI Network, Brown, G.G. & Cunha, L. 2021. A "Dirty" Footprint: Macroinvertebrate diversity in Amazonian anthropic soils. *Global Change Biology*, 27(19): 4575–4591. https://doi.org/10.1111/gcb.15752.

Deng, F., Wang, H., Xie, H., Bao, X., He, H., Zhang, X. & Liang, C. 2021. Low-disturbance Farming Regenerates Healthy Deep Soil towards Sustainable Agriculture. *bioRxiv*: 828673.

Derpsch, R. 2003. Conservation tillage, no-tillage and related technologies. *In Conservation agriculture*, pp. 181–190. Springer, Dordrecht.

Derpsch, R., Friedrich, T., Kassam, A. & Hongwen, L. 2010. Current status of adoption of no-till farming in the world and some of its main benefits. *International Journal of Agricultural and Biological Engineering,* 3: 1–25.

Díaz Barradas, M.C., García Novo, F., Collantes, M.B & Zunzunegui, M. 2001. Vertical structure of a wet grassland under and non-grazed conditions in Tierra del Fuego. *J Veg Sci*, 12: 385–390.

Díaz-Zorita, M., Duarte, G. A. & Grove, J. H. 2002. A review of no-till systems and soil management for sustainable crop production in the subhumid and semiarid Pampas of Argentina. *Soil and Tillage Research*, 65(1): 1–18.

Dick, C., Cattani, D. & Entz, M.H. 2018. Kernza intermediate wheatgrass (*Thinopyrum intermedium*) grain production as influenced by legume intercropping and residue management. *Canadian Journal of Plant Science*, 98(6):1376–1379.

Dick, W. A. & Gregorich, E. G. 2004. Developing and maintaining soil organic matter levels. *Managing soil quality: Challenges in modern agriculture*, 103: 120.

Ding, J., Jiang, X., Ma, M., Zhou, B., Guan, D., Zhao, B., Zhou, J., Cao, F., Li, L. & Li, J. 2016. Effect of 35 years inorganic fertilizer and manure amendment on structure of bacterial and archaeal communities in black soil of northeast China. *Applied Soil Ecology*, 105: 187–195.

Ding, X., Han, X., Liang, Y., Qiao, Y., Li, L. & Li, N. 2012. Changes in soil organic carbon pools after 10 years of continuous manuring combined with chemical fertilizer in a Mollisol in China. *Soil and Tillage Research*, 122: 36–41.

Ding, X., Zhang, B., Zhang, X., Yang, X. & Zhang, X. 2011. Effects of tillage and crop rotation on soil microbial residues in a rainfed agroecosystem of northeast China. *Soil and Tillage Research*, 114(1): 43–49.

Dmytruk, Y. 2021. Report on multiple cross-sectoral LDN monitoring benefits developed (In Ukrainian). GCP/UKR/004/GEF (unpublished).

Dodds, W. K., Blair, J. M., Hnebry, G. M., Koelliker, J. K., Ramundo, R. & Tate, C. M. 1996. Nitrogen transport from tallgrass Prairie Watersheds. *Environmental Quality J.*, 25: 973- 981. On line. 1537–2537.

Dodds, W.K. & Smith, V.H. 2016. Nitrogen, phosphorus, and eutrophication in streams. *Inland Waters*, 6(2): 155–164. https://doi.org/10.5268/IW-6.2.909.

Domzał, H., Gliński, J. & Lipiec, J. 1991. Soil compaction research in Poland. *Soil and Tillage Research*, 19(2–3): 99–109.

Dörner, J., Dec, D., Thiers, O., Paulino, L., Zúñiga, F., Valle, S., European Commission, 2013. Soil Atlas of Africa. Luxembourg, Publications office of the European Union.

Martínez, O. & Horn, R. 2016. Spatial and temporal variability of physical properties of Aquands under different land uses in southern Chile. *Soil Use and Management,* 32: 411–421. https://doi.org/10.1111/sum.12286.

Dumont, B., Carrère, P., Ginane, C., Farruggia, A., Lanore, L., Tardif, A., Decuq, F., Darsonville, O. & Louault, F. 2011. Plant–herbivore interactions affect the initial direction of community changes in an ecosystem manipulation experiment. *Basic and Applied Ecology*, 12(3):187–194.

Durán, A, Morrás, H., Studdert, G. & Liu, X. 2011. Distribution, properties, land use and management of Mollisols in South America. *Chinese Geographical Science*, 21 (5): 511–530.

Duran, A. 2010. *An overview of South American Mollisols: Soil formation, classification, suitability and environmental challenges.* In: *Proceedings of the International Symposium on Soil Quality and Management of World Mollisols*. Northeast Forestry University Press, Harbin.

Durand, R. & Dutil, P. 1971. Soil evolution in a calcic and magnesic clay material in the Der country, Haute-Marne. *Sci Sol*, 1: 65–78.

Dusén, P. 1903. Die Pflanzenvereine der Magellansländern nebst einem Beitrage zur Ökologie der Magellanishen Vegetation. *Svenska Exped Magellansländerna,* 3: 351–521.

Duulatov, E., Pham, Q. B., Alamanov, S., Orozbaev, R., Issanova, G. & Asankulov, T. 2021. Assessing the potential of soil erosion in Kyrgyzstan based on RUSLE, integrated with remote sensing. *Environmental Earth Sciences*, 80(18): 1–13.

Dybdal, S.E. 2019. Sinograin II project: Tomorrow's development collaboration. In: Nibio. Cited 3 June 2022. https://www.nibio.no/nyheter/sinograin-ii-project-tomorrows-development-collaboration.

Dybdal, S.E. 2020. Black soil – China's giant panda in cultivated land – Nibio. In: Nibio. Cited 3 June 2022. https://www.nibio.no/en/news/black-soil--chinas-giant-panda-in-cultivated-land.

Eckmeier, E., Gerlach, R. Gehrt, E. & Schmidt, M. W. I. 2007. Pedogenesis of Chernozems in Central Europe: A review. *Geoderma*: 288–299.

Eldridge, D.J., Delgado-Baquerizo, M., Travers, S.K., Val, J. & Oliver, I. 2017. Do grazing intensity and herbivore type affect soil health? Insights from a semi-arid productivity gradient. *Journal of Applied Ecology,* 54: 976–985.

Engel, R. E., Romero, C. M., Carr, P. & Torrion, J. A. 2019. Performance of nitrate compared with urea fertilizer in a semiarid climate of the northern great plains. *Canadian Journal of Soil Science*, 99(3): 345–355.

Entz, M.H., Baron, V.S., Carr, P.M., Meyer, D.W., Smith Jr, S.R. & McCaughey, W.P. 2002. Potential of forages to diversify cropping systems in the northern Great Plains. *Agronomy Journal*, 94(2): 240–250.

Erickson, C.L. 2008. Amazonia: the historical ecology of a domesticated landscape. In: H. Silverman & W. Isbell, eds. *Handbook of South American Archaeology*, pp. 157–183. Springer.

Eswaran, H., Almaraz, R., van den Berg, E. & Reich, P. 1997. An assessment of the soil resources of Africa in relation to productivity. *Geoderma*, 77: 1–18.

Evans, P. & Halliwell, B. 2001. Micronutrients: oxidant/antioxidant status. *British Journal of Nutrition*, 85(S2): S67-S74.

Fan, R., Liang, A., Yang, X., Zhang, X., Shen, Y. & Shi, X. 2010. Effects of tillage on soil aggregates in black soils in northeast China. *Scientia Agricultura Sinica*, 43(18): 3767–3775.

Fan, R., Zhang, X., Liang, A., Shi, X., Chen, X., Bao, K., Yang, X. & Jia, S. 2012. Tillage and rotation effects on crop yield and profitability on a Black soil in northeast China. *Canadian*

Journal of Soil Science, 92(3): 463–470.

FAO. 2020. Environment Statistics. Mineral and Chemical Fertilizers: 1961–2018 [online]. [Cited 12 March 2021]. http://www.fao.org/economic/ess/environment/data/mineral-and-chemical-fertilizers/en/.

Fan, Y., Miguez-Macho, G., Jobbágy, E.G., Jackson, R.B. & Otero-Casal, C. 2017. Hydrologic regulation of plant rooting depth. *Proceedings of the National Academy of Sciences*, 114(40): 10572–10577.

FAO & ITPS. 2015. Status of the World's Soil Resources (SWSR) – Main report. *Food and Agriculture Organization of the United Nations and Intergovernmental Technical Panel on Soils,* Rome, Italy. https://www.fao.org/documents/card/en/c/c6814873-efc3–41db-b7d3–2081a10ede50/.

FAO & ITPS. 2021. *Recarbonizing global soils – A technical manual of recommended management practices.* Rome, FAO. https://doi.org/10.4060/cb6386en.

FAO & UNEP. 2021. *Global assessment of soil pollution – Summary for policy makers.* Rome, FAO. https://doi.org/10.4060/cb4827en.

FAO, ISRIC & JRC. 2012. *Harmonized world soil database.* Harmonised World Soil Database (version1.2).

FAO. 2002. *Captura de carbono en los suelos para un mejor manejo de la tierra.* Informes sobre recursos mundiales de suelos. Rome.

FAO. 2015. *Healthy soils are the basis for healthy food production.* Rome, Italy, FAO. https://www.fao.org/documents/card/en/c/645883cd-ba28–4b16-a7b8–34babbb3c505/.

FAO. 2017. Global Soil Organic Carbon Map. In: *FAO Land and Water Division*. Rome. Cited 5 December 2017. https://www.fao.org/world-soil-day/about-wsd/wsd-2017/global-soil-organic-carbon-map/en/.

FAO. 2019. *Black Soils definition*. Cited 20 October 2020. http://www.fao.org/global-soil-partnership/intergovernmental-technical-panel-soils/gsoc17-implementation/internationalnetworkblacksoils/more-on-black-soils/definition-what-is-a-black-soil/en/.

FAO. 2020. *Soil testing methods manual – Soil Doctors Global Programme – A farmer-to-farmer training programme. Rome.* https://doi.org/10.4060/ca2796en.

FAO. 2022a. *Global Map of Black Soils*. Rome, Italy, FAO. https://www.fao.org/documents/card/en/c/cc0236en.

FAO. 2022b. Global Soil Laboratory Network (GLOSOLAN). In: *Food and Agriculture Organization of the United Nations.* Cited 12 October 2022. https://www.fao.org/global-soil-partnership/glosolan/en/.

FAO. 2022c. Global Soil Organic Carbon Sequestration Potential Map – SOCseq v.1.1. Technical report. Rome. https://doi.org/10.4060/cb9002en.

FAO. 2022d. *Global Soil Organic Carbon Map – GSOCmap v.1.6:* Technical report. Rome, FAO. https://books.google.com.mx/books?id=ML1qEAAAQBAJ.

FAO-UNESCO. 1981. Soil map of the world 1:5 000 000. FAO, Rome.

Farkas, C., Hagyó, A., Horváth, E. & Várallyay, G. 2008. A Chernozem soil water regime response to predicted climate change scenarios. *Soil and Water Research*, 3 (Special Issue 1).

Farsang, A., Babcsányi, I., Ladányi, Z., Perei, K., Bodor, A., Csányi, K.T. & Barta, K. 2020. Evaluating the effects of sewage sludge compost applications on the microbial activity, the nutrient and heavy metal content of a Chernozem soil in a field survey. *Arabian Journal of Geosciences*, 13(19): 1–9.

Fey, M.V. 2010. *Soils of South Africa*. Cambridge, Cambridge University Press.

Fileccia, T., Guadagni, M., Hovhera, V. & Bernoux, M. 2014. *Ukraine: Soil Fertility to Strengthen Climate Resilience*. Washington, DC, World Bank and FAO.

Filipová L. 2011. Soil and vegetation of meadow wetlands (Vegas) in the South of the Chilean Patagonia. Faculty of Science Department of Botany, University Olomouc. PhD dissertation.

Filipová L., Hédl R. & Covacevich N. 2010. Variability of the soil types in meadow wetlands in the south of the chilean Patagonia. *Chilean Journal of Agricultural Research*, 70(2): 266–277.

Findmypast. 2015. 1939: The year the dust settled. In: *Findmypast – Genealogy, Ancestry, History blog from Findmypast*. Cited 6 June 2022. https://www.findmypast.com/blog/history/1939-the-year-the-dust-bowl-settled.

Fischer, R.A. & Connor, D.J. 2018. Issues for cropping and agricultural science in the next 20 years. *Field Crops Research*, 222: 121–142. https://doi.org/10.1016/j.fcr.2018.03.008.

Focht, T. & Medeiros R.B. 2012. Prevention of natural grassland invasion by Eragrostis plana Nees using ecological management practices. *Revista Brasileira de Zootecnia*, 41: 1816–1823.

Follett, R. F. 2001. Soil management concepts and carbon sequestration in cropland soils. *Soil and Tillage Research*, 61(1–2): 77–92.

Foster, P. 2001. The potential negative impacts of global climate change on tropical montane cloud forests. *Earth-Science Reviews*, 55: 73–106.

Freitas, P.L. de & Landers, J.N. 2014. The transformation of agriculture in Brazil through development and adoption of Zero Tillage Conservation Agriculture. *International Soil and Water Conservation Research*, 2: 35–46.

Fujii H., Mori S., & Matsumoto Y. 2021. Tohoku region. In: R. Hatano, H. Shinjo & Y. Takata, eds. The *Soil of Japan*, pp. 69–134, Springer.

Fujino A. & Matsumoto E. 1992. *Topsoil erosion on the cropland in the Sugadaira Basin, Central Japan* (In Japanese). Bulletin of Environmental Research Center, the University of Tsukuba, 16: 69–77.

Fujita T., Okuda T. & Fujie K. 2007. Influence of eolian dust brought from northern Asia continent on the parent materials in a fine-textured soil developed on the bedrock of the tertiary rock near cape Saruyama, in Noto peninsula, central Japan (In Japanese with English summary). *Pedologist*, 51: 97–103.

Galán, S. 2003. Manejoy Enriquecimiento del Bosque a Partir del Uso de las Chagras y Rastrojos de un Núcleo Familiar Indígena en Araracuara, Medio Río Caquetá (Amazonia colombiana). *Departament of Ecology. Pontificia Universidad Javeriana, Bogotá:*37.

Gao, M., Guo, Y., Liu, J., Liu, J., Adl, S., Wu, D. & Lu, T. 2021. Contrasting beta diversity of spiders, carabids, and ants at local and regional scales in a black soil region, northeast China. *Soil Ecology Letters*, 3(2): 103–114. https://doi.org/10.1007/s42832–020–0071–1.

Gao, X., Asgedom, H., Tenuta, M. & Flaten, D. N. 2015. Enhanced efficiency urea sources and placement effects on nitrous oxide emissions. *Agronomy Journal*, 107(1): 265–277.

Gao, X., Shaw, W. S., Tenuta, M. & Gibson, D. 2018. Yield and Nitrogen Use of Irrigated Processing Potato in Response to Placement, Timing and Source of Nitrogen Fertilizer in Manitoba. American *Journal of Potato Research*, 95(5): 513–525.

Garcia-Franco, N., Hobley, E., Hübner, R. & Wiesmeier, M. 2018. Climate-smart soil management in semiarid regions. *Soil management and climate change*, pp. 349–368. Elsevier.

Geng, X., VandenBygaart, A.J. & He, J. 2021. Soil organic carbon sequestration potential assessment using Roth-C model from the agriculture land of Canada. FAO.

German, L.A. 2003. Historical contingencies in the coevolution of environment and livelihood: contributions to the debate on Amazonian Black Earth. *Geoderma*, 111(3): 307–331.

Giani, L., Makowsky, L. & Mueller, K. 2014. Plaggic Anthrosol: Soil of the Year 2013 in Germany: An overview on its formation, distribution, classification, soil function and threats. *Journal of Plant Nutrition and Soil Science,* 177(3): 320–329.

Glaser, B. & Birk, J.J. 2012. State of the scientific knowledge on properties and genesis of Anthropogenic Dark Earths in Central Amazonia (terra preta de Índio). *Geochimica et Cosmochimica acta*, 82: 39–51.

Glaser, B., Haumaier, L., Guggenberger, G. & Zech, W. 2001. The 'Terra Preta' Phenomenon: A Model for Sustainable Agriculture in the Humid Tropics. *Naturwissenschaften,* 88: 37–41.

Glauber, J., Laborde, D. & Mamun, A. 2022. From bad to worse: How Russia-Ukraine war-related export restrictions exacerbate global food insecurity. In: *International Food Policy Research Institute (IFPRI)*. Cited 1 June 2022. https://www.ifpri.org/blog/bad-worse-how-export-restrictions-exacerbate-global-food-security.

Gollany, H.T., Rickman, R.W., Liang, Y., Albrecht, S.L., Machado, S. & Kang, S. 2011. Predicting agricultural management influence on long-term soil organic carbon dynamics: Implications for biofuel production. *Agronomy Journal*, 103(1): 234–246. https://doi.org/10.2134/agronj2010.0203s.

Gong, H., Meng, D., Li, X. & Zhu, F. 2013. Soil degradation and food security coupled with global climate change in northeastern China. *Chinese Geographical Science*, 23(5): 562–573.

Gregg, J.S. & Izaurralde, R.C. 2010. Effect of crop residue harvest on long-term crop yield, soil erosion and nutrient balance: Trade-offs for a sustainable bioenergy feedstock. *Biofuels*, 1(1): 69–83.

Gregorich, E. G. & Anderson, D. W. 1985. Effects of cultivation and erosion on soils of four toposequences in the Canadian prairies. *Geoderma,* 36: 343–354.

Grekov, Datsko, L.V., Zhilkin, V.A., Maistrenko & Datsko, M.O. 2011. *Methodical instructions* *for soil protection* (In Ukranian). Kyiv, The State Center of Soil Fertility Protection. 108 pp.

Guilpart, N., Grassini, P., Sadras, V.O., Timsina, J. & Cassman, K.G. 2017. Estimating yield gaps at the cropping system level. *Field Crops Research*, 206: 21–32. https://doi.org/10.1016/j.fcr.2017.02.008.

Guo, Y., Amundson, R., Gong, P. & Yu, Q. 2006. Quantity and Spatial Variability of Soil Carbon in the Conterminous United States. *Soil Sci. Soc. Am. J,* 70: 590–600.

Guo, Y., Luo, L., Chen, G., Kou, Y. & Xu, H. 2013. Mitigating nitrous oxide emissions from a maize-cropping black soil in northeast China by a combination of reducing chemical N fertilizer application and applying manure in autumn. *Soil Science and Plant Nutrition,* 59(3): 392–402.

Gupta, S.C. & Allmaras, R.R. 1987. Models to assess the susceptibility of soils to excessive compaction. In: B.A. Stewart, ed. *Advances in Soil Science.* pp. 65–100. New York, NY, Springer New York.

Halde, C., Bamford, K.C. & Entz, M.H. 2015. Crop agronomic performance under a six-year continuous organic no-till system and other tilled and conventionally-managed systems in the northern Great Plains of Canada. *Agriculture, Ecosystems & Environment*, 213: 121–130.

Han, J., Mao, K., Xu, T., Guo, J., Zuo, Z. & Gao, C. 2018. A Soil Moisture Estimation Framework Based on the CART Algorithm and Its Application in China. *Journal of Hydrology*, 563. https://doi.org/10.1016/j.jhydrol.2018.05.051.

Han, X., Wang, S., Veneman, P.L. & Xing, B. 2006. Change of organic carbon content and its fractions in black soil under long-term application of chemical fertilizers and recycled organic manure. *Communications in Soil Science and Plant Analysis*, 37(7–8): 1127–1137.

Han, Y., Chen, X., Wang, E. & Xia, X. 2019. Optimum biochar preparations enhance phosphorus availability in amended Mollisols of northeast China. *Chilean Journal of Agricultural Research*, 79(1): 153–164.

Han, Z.M., Deng, M.W., Yuan, A.Q., Wang, J.H., Li, H. & Ma, J.C. 2018. Vertical variation of a black soil's properties in response to freeze-thaw cycles and its links to shift of microbial community structure. *Sci. Total. Environ*, 625: 106–113.

Hansen, M. C., P. V. Potapov, R. Moore, M. Hancher, S. A. Turubanova, A. Tyukavina, D. Thau, S. V. Stehman, S. J. Goetz, T. R. Loveland, A. Kommareddy, A. Egorov, L. Chini, C. O. Justice, & Townshend, J. R. G. 2013. "High-Resolution Global Maps of 21st-Century Forest Cover Change." Science 342 (15 November): 850–853. 10.1126/science. 1244693. https://glad.earthengine.app/view/global-forest-change.

Hao, X., Han, X., Wang, S. & Li, L. 2022. Dynamics and composition of soil organic carbon in response to 15 years of straw return in a Mollisol. *Soil and Tillage Research*, 215: 105221.

Hartemink, A.E., Krasilnikov, P. & Bockheim, J.G. 2013. Soil maps of the world. *Geoderma*, 207: 256–267.

Hayes, W.A. 1985. Conservation Tillage Systems and Equipment Requirements. In F. D'Itri, ed. *A*

Systems Approach to Conservation Tillage. Boca Raton, the USA, CRC Press.

Haynes, R. J. & Naidu, R. 1998. Influence of lime, fertilizer and manure applications on soil organic matter content and soil physical conditions: A review. *Nutrient Cycling in Agroecosystems,* 51(2): 123–137.

Herrero-Jáuregui, C. & Oesterheld, M. 2018. Effects of grazing intensity on plant richness and diversity: A meta-analysis. *Oikos,* 127(6), 757–766.

Hincapié, J.C.A., Castillo, C.B., Argüello, S.C., Aguilera, D.P.R., Holguín, F.S., Triana, J.V. & Lopera, A. 2002. Transformación y cambio en el uso del suelo en los páramos de Colombia en las últimas décadas. In: C, Castaño, ed. *Páramos y ecosistemas alto andinos de Colombia en condición hotspot y global climatic tensor,* pp. 211–333. Bogotá, IDEAM.

History. 2020. Dust Bowl. In: *HISTORY*. Cited 6 June 2022. https://www.history.com/topics/great-depression/dust-bowl.

Hofstede, R.G. & Rossenaar, A.J. 1995. Biomass of grazed, burned, and undisturbed Paramo Grasslands, Colombia. Ⅱ. Root mass and aboveground: Belowground ratio. *Arct. Alp. Res,* 27: 13–18.

Hofstede, R.G. 1995. The effects of grazing and burning on soil and plant nutrient concentrations in Colombian paramo grasslands. *Plant Soil*, 173: 111–132.

Hofstede, R.G. 2001. El Impacto de las actividades humanas sobre el Páramo. In: *Los Páramos del Ecuador, particularidades, problemas y perspectivas,* pp. 161–182. Quito, Ecuador, Editorial Abya-Yala.

Holland, J. M. 2004. The environmental consequences of adopting conservation tillage in Europe: reviewing the evidence. *Agriculture, Ecosystems & Environment,* 103(1): 1–25.

Holmes, K.W., Griffin, E.A. & Odgers, N.P. 2015. Large-area spatial disaggregation of a mosaic of conventional soil maps: evaluation over Western Australia. *Soil Research*, 53(8): 865–880.

Horn, S.P. & Kappelle, M. 2009. Fire in the paramo ecosystems of Central and South America. In *Tropical Fire Ecology*, pp. 505–539. Heidelberg, Berlin, Germany, Springer.

Hospodarenko, H., Trus, O. & Prokopchuk, I. 2012. Humus Conservation Conditions in a Field Crop Rotation. *Biological Syst*, 4: 31–34.

Hothorn, T. 2022. CRAN Task View: Machine Learning & Statistical Learning. Cited 7 March 2022. https://CRAN.R-project.org/view=MachineLearning.

Hou, D. 2022. China: Protect black soil for biodiversity. *Nature*, 604(7904): 40–40. https://doi.org/10.1038/d41586–022–00942–6.

Ilaiwi, M. 2001. Soils of the Syrian Arab Republic. Soil resources of Southern and Eastern Mediterranean countries. *CIHEAM, Bari*, 227–242.

Imbellone, P. & Mormeneo, L. 2011. Vertisoles hidromórficos de la planicie costera del Río de la Plata, Argentina. *Ciencia del Suelo*, 29: 107–127.

Insituto Nacional de Estadística (INE). 2014. *Estadística Pecuaria, período 2008–2013 y primer semestre 2014.* Santiago, Chile.

187

Instituto Nacional de Estadística (INE). 2007. *XII Censo Agropecuario y Forestal.* Santiago, Chile.

IPCC. 2019. Summary for Policymakers. In: Climate Change and Land: an IPCC special report on climate change, desertification, land degradation, sustainable land management, food security, and greenhouse gas fluxes in terrestrial ecosystems [P.R. Shukla, J. Skea, E. Calvo Buendia, V. Masson-Delmotte, H.-O. Pörtner, D. C. Roberts, P. Zhai, R. Slade, S. Connors, R. van Diemen, M. Ferrat, E. Haughey, S. Luz, S. Neogi, M. Pathak, J. Petzold, J. Portugal Pereira, P. Vyas, E. Huntley, K. Kissick, M. Belkacemi, J. Malley, (eds.)]. In press.

Isbell, R. F. 1991. Australian vertisols. *Characterization, classification and utilization of cold Aridisols and Vertisols. Proc. VI ISCOM, USDA-SCS.* National Soil Survey Center, Lincoln NB:73–80.

Iturraspe, R. & Uriuolo. 2000. Caracterización de las cuencas hídricas de Tierra del Fuego. Actas del XVIII Congreso Nacional del Agua. Junio de 2000, Termas de Río Hondo, Santiago del Estero.

IUSS Working Group WRB. 2006. World Reference Base. World reference base for soil resources. Available at: https://www.fao.org/soils-portal/data-hub/soil-classification/world-reference-base/en/.

IUSS Working Group WRB. 2015. World Reference Base for Soil Resources 2014, update 2015. International soil classification system for naming soils and creating legends for soil maps. World Soil Resources Reports No. 106. FAO, Rome.

Iutynskaya, G. A. & Patyka V. F. 2010. Soil biology: problems and perspectives (In Ukrainian). Agricultural chemistry and soil science. *Proceedings of Soil Science Council.* Vol. 1, Zhitomir, Ruta, 2008 pp.

Ivelic-Sáez, J., Dörner, J., Arumí, J.L., Cisternas, L., Valenzuela, J., Muñoz, E., Clasing, R., Valle, S., Radic, S., Alonso, H., López, R., Uribe, H., Muñoz, R., Ordoñez, I. & Carrasco, J. 2021. Balance hídrico de humedales de uso agropecuario: El primer paso para el mejoramiento en la gestión hídrica a nivel predial en Magallanes". Una investigación multidisciplinaria. *Centro Regional de Investigación Kampenaike. Boletín INIA N°435,* pp. 162. Punta Arenas, Chile.

Japanese Soil Conservation Research Project Nationwide Council. 2012. National Farmland Soil Guidebook (In Japanese). Japan Soil Association, Tokyo, 121 p.

Jat, M. L., Gathala, M. K., Ladha, J. K., Saharawat, Y. S., Jat, A. S., Kumar, V., Sharma, S. K., Kumar, V. & Gupta, R. 2009. Evaluation of precision land leveling and double zero-till systems in the rice-wheat rotation: Water use, productivity, profitability and soil physical properties. *Soil and Tillage Research,* 105(1): 112–121.

Jian, J., Du, X., Reiter, M.S. & Stewart, R.D. 2020. A meta-analysis of global cropland soil carbon changes due to cover cropping. *Soil Biology and Biochemistry*, 143: 107735. https://doi.org/10.1016/j.soilbio.2020.107735.

Jin, L., Wei, D., Yin, D., Zhou, B., Ding, J., Wang, W., Zhang, J., Qiu S., Zhang C., Li, Y., An, Z., Gu, J. & Wang, L. 2020. Investigations of the effect of the amount of biochar on soil porosity and aggregation and crop yields on fertilized black soil in northern China. *Plos one*, 15(11): e0238883.

Johnson, W. G., Davis, V. M., Kruger, G. R. & Weller, S. C. 2009. Influence of glyphosate-resistant cropping systems on weed species shifts and glyphosate-resistant weed populations. *European Journal of Agronomy,* 31(3): 162–172.

Ju, X., Liu, X., Zhang, F. & Roelcke, M. 2004. Nitrogen fertilization, soil nitrate accumulation, and policy recommendations in several agricultural regions of China. *Ambio*, 33(6): 300–305. https://doi.org/10.1579/0044–7447–33.6.300.

Kahimba, F.C., Ranjan, R.S., Froese, J., Entz, M. & Nason, R. 2008. Cover crop effects on infiltration, soil temperature, and soil moisture distribution in the Canadian Prairies. *Applied Engineering in Agriculture*, 24(3): 321–333.

Kämpf, N., Woods, W., Sombroek, W., Kern, D. & T. Cunha, T. 2003. Classification of Amazonian Dark Earths and other ancient anthropic soils. In J. Lehmann, D.K.B. Glaser D.K.B. & W. Woods, eds. *Amazonian Dark Earths: Origin, Properties, Managemen*t, pp. 77–102. The Netherlands, Kluver Academic Publishers.

Kay, B.D. 1990. Rates of change of soil structure under different cropping systems. In: Stewart, B.A, eds. *Advances in Soil Science*, vol 12. New York, NY, Springer. https://doi.org/10.1007/978–1–4612–3316–9_1.

Kazakova, I. 2016. The impact of global changes at soil resources and agricultural production (in Ukrainian). Agricultural and Resource Economics: *International Scientific E-Journal*, 2(1): 21–44.

Kern, D.C. & Kampf, N. 1989. Old Indian settlements on the formation of soils with archaelogical black earth at Oriximina region (In Portuguese). Para, Brazil. *Revista Brasileira de Ciencia do Solo,* 13: 219–225.

Kern, J., Giani, L., Teixeira, W., Lanza, G. & Glaser, B. 2019. What can we learn from ancient fertile anthropic soil (Amazonian Dark Earths, shell mounds, Plaggen soil) for soil carbon sequestration? *Catena*, 172: 104–112. https://doi.org/10.1016/j.catena.2018.08.008.

Kobza, J. & Pálka, B. 2017. Contribution to black soils in Slovakia according to INBS criteria. [In Slovak: Príspevok k tmavým pôdam na Slovensku podl'a kritérií INBS]. *Proceedings of Soil Science and Conservation Research Institute*, 29: 34–42.

Kogan, F., Adamenko, T. & Kulbida, M. 2011. Satellite-based crop production monitoring in Ukraine and regional food security. *In* F. Kogan, A. Powell & O. Fedorov, eds. *Use of satellite and in-situ data to improve sustainability*. pp. 99–104. NATO Science for Peace and Security Series C: Environmental Security. Paper presented at, 2011, Dordrecht. https://doi.org/10.1007/978–90–481–9618–0_11.

Kostić, M.M., Tagarakis, A.C., Ljubičić, N., Blagojević, D., Radulović, M., Ivošević, B. & Rakić, D. 2021. The effect of N fertilizer application timing on wheat yield on chernozem soil. *Agronomy*, 11(7): 1413.

Krasilnikov, P., Martí, J.-J. I., Arnold, R. & Shoba, S. 2009. *A handbook of soil* *terminology, correlation and classification*. London, Sterling, UK, Earthscan. https://doi.org/10.4324/9781849774352.

Krasilnikov, P., Sorokin, A., Golozubov, O. & Bezuglova, O. 2018. Managing chernozems for advancing sdgs. In R. Lal, R. Horn & T. Kosaki, eds. *Soil and Sustainable Development Goals*, pp. 175–188. GeoEcology Essays, Catena-Schweizerbart Stuttgart.

Krupenikov, I.A. 1992. *The soil layer of Moldova: past, present, management, forecast* [In Slovak: Moldovy: Proshloe, nastoyashchee, upravlenie, prognoz].

Kucher, A. 2017. Adaptation of the agricultural land use to climate change (In Ukrainian). Agricultural and Resource Economics: *International Scientific E-Journal*, 3(1): 119–138.

Lafond, G.P., Brandt S.A., Clayton G.W., Irvine R.B. & May W.E. 2011a. Rainfed Farming Systems on the Canadian Prairies. In: Tow P., Cooper I., Partridge I., Birch C. (eds) Rainfed Farming Systems. Dordrecht, the UK, Springer.

Lafond, G.P., Walley, F., May, W.E. & Holzapfel, C.B. 2011b. Long term impact of no-till on soil properties and crop productivity on the Canadian prairies. *Soil and Tillage Research*, 117: 110–123.

Lal, R. 2014. Soil conservation and ecosystem services. *International Soil and Water Conservation Research*, 2(3): 36–47. https://doi.org/10.1016/S2095–6339(15)30021–6.

Lal, R. 2019. Accelerated soil erosion as a source of atmospheric CO_2. *Soil and Tillage Research*, 188: 35–40. https://doi.org/10.1016/j.still.2018.02.001.

Lal, R. 2021. Managing Chernozem for Reducing Global Warming. In: D. Dent & B. Boincean, eds. *Regenerative Agriculture*. Cham, Springer International Publishing, 2021. https://doi.org/10.1007/978–3–030–72224–1_7.

Lal, R., Monger, C., Nave, L. & Smith, P. 2021. The role of soil in regulation of climate. *Phil. Trans. R. Soc. B*, 376: 20210084.

Landi, A., Mermut, A. R., & Anderson, D. W. 2003a. Origin and Rate of Pedogenic Carbonate Accumulation in Saskatchewan Soils, Canada. *Geoderma*, 117:143–156.

Landi, A., Anderson D. W. & Mermut A. R. 2003b. Organic carbon storage and stable isotope composition of soils along a grassland to forest environmental gradient in Saskatchewan. *Can. J. Soil Sci*, 83: 405–414.

Landi, A., Mermut A. R. & Anderson, D. W. 2004. Carbon Dynamics in a Hummocky Landscape from Saskatchewan. *SSSAJ*, 68: 175–184.

Laos, F., Satti, P., Walter, I., Mazzarino, M.J. & Moyano, S. 2000. Nutrient availability of composted and noncomposted residues in a Patagonian Xeric Mollisol. *Biology and Fertility of Soils*, 31(6): 462–469.

Laufer, D., Loibl, B., Märländer, B. & Koch, H.-J. 2016. Soil erosion and surface runoff under strip tillage for sugar beet (*Beta vulgaris* L.) in Central Europe. *Soil and Tillage Research*, 162: 1–7.

Lavado, R. 2016. Degradación de suelos argentinos. In F. Pereyra & M. Torres Duggan, eds. *Suelos y Geología Argentina. Una visión integradora desde diferentes campos disciplinarios.*

AACS-AGA, UNDAV Ediciones, pp. 313–328.

Lavado, R. S. & Taboada, M. A. 2009. The Argentinean Pampas: A key region with a negative nutrient balance and soil degradation needs better nutrient management and conservation programs to sustain its future viability as a world agroresource. *Journal of Soil and Water Conservation*, 64(5): 150A-153A. https://doi.org/10.2489/jswc.64.5.150A.

Lawinfochina. 2022. Black Soil Protection Law of the People's Republic of China, Cited 24 June 2022. https://www.lawinfochina.com/display.aspx?id=38784&lib=law.

Leah, T. & Cerbari, V. 2015. Cover crops-Key to storing organic matter and remediation of degraded properties of soils in Moldova. *Scientific Papers-Series A, Agronomy*, 58: 73–76.

Lee, J. & Gill, T. 2015. Multiple causes of wind erosion in the Dust Bowl. *Aeolian Research*, 19: 15–36. https://doi.org/10.1016/j.aeolia.2015.09.002.

Lehmann, J. & Joseph, S. 2015. *Biochar for environmental management: science, technology and implementation*. Routledge.

Lehmann, J. 2009. Terra Preta Nova: where to from here?. In W. Woods *et al.,* eds. *Amazonian Dark Earths: Wim Sombroek's vision,* pp. 473–486. Springer.

Li, H., Yao, Y., Zhang, X., Zhu, H. & Wei, X. 2021. Changes in soil physical and hydraulic properties following the conversion of forest to cropland in the black soil region of northeast China. *Catena,* 198: 104986.

Li, H., Zhu, H., Qiu, L., Wei, X., Liu, B. & Shao, M. 2020. Response of soil OC, N and P to land-use change and erosion in the black soil region of the northeast China. *Agriculture, Ecosystems & Environment*, 302: 107081.

Li, N., Lei, W., Sheng, M., Long, J. & Han, Z. 2022. Straw amendment and soil tillage alter soil organic carbon chemical composition and are associated with microbial community structure. *European Journal of Soil Biology*, 110: 103406.

Li, P., Kong, D., Zhang, H., Xu, L., Li, C., Wu, M., Jiao, J., Li, D., Xu, L., Li, H. & Hu, F. 2021. Different regulation of soil structure and resource chemistry under animal-and plant-derived organic fertilizers changed soil bacterial communities. *Applied Soil Ecology*, 165: 104020. https://doi.org/10.1016/j.apsoil.2021.104020.

Li, S., Liu, X. & Ding, W. 2016. Estimation of organic nutrient sources and availability for land application. *Better Crops,* 100: 4–6.

Li, S., Lobb, D.A. & Lindstrom, M.J. 2007. Tillage translocation and tillage erosion in cereal-based production in Manitoba, Canada. *Soil and Tillage Research*, 94(1): 164–182.

Li, S., Liu, X. & He, P. 2017. Analyses on nutrient requirements in current agriculture production in China. *Journal of Plant Nutrition and Fertilizers*, 23: 1416–1432.

Licht, M.A. & Al-Kaisi, M. 2005. Strip-tillage effect on seedbed soil temperature and other soil physical properties. *Soil and Tillage Research,* 80: 233–249.

Lima, H.N., Schaefer, C.E.R., Mello, J.W.V., Gilkes, R.J. & Ker, J.C. 2002. Pedogenesis and Pre–Colombian Land Use of "Terra Preta Anthrosols" ("Indian black earth") of Western Amazonia. *Geoderma*, 110: 1–17.

Lins, J., Lima, H.P., Baccaro, F.B., Kinupp, V. F., Shepard Jr, G. H. & Clement, C.R. 2015. Pre-Columbian floristic legacies in modern homegardens of Central Amazonia. *PLOS One*, 10(6): 1–10.

Liu, H., Wang, D., Wang, S., Meng, K., Han, X., Zhang, L. & Shen, S. 2001. Changes of crop yields and soil fertility under long-term application of fertilizer and recycled nutrients in manure on a black soil. *Ying Yong Sheng tai xue bao= The Journal of Applied Ecology*, 12(1): 43–46.

Liu, J., Yu, Z., Yao, Q., Hu, X., Zhang, W., Mi, G., Chen, X. & Wang, G. 2017. Distinct soil bacterial communities in response to the cropping system in a Mollisol of northeast China. *Applied Soil Ecology*, 119: 407–416.

Liu, S., Fan, R., Yang, X., Zhang, Z., Zhang, X. & Liang, A. 2019. Decomposition of maize stover varies with maize type and stover management strategies: A microcosm study on a black soil (Mollisol) in northeast China. *J. Environ. Manage,* 234: 226–236.

Liu, X., Burras, C., Kravchenko, Y., Durán, A.; Huffman, T., Morrás, H., Studdert, G., Zhang, X., Cruse, R. & Yuan, X. 2012. Overview of Mollisols in the world: distribution, land use and management. *Can. J. Soil. Sci.,* 92: 383–402.

Liu, X., Herbert, S.J., Jin, J., Zhang, Q. & Wang, G. 2004. Responses of photosynthetic rates and yield/quality of main crops to irrigation and manure application in the black soil area of northeast China. *Plant and Soil*, 261(1): 55–60.

Liu, X., Lee Burras, C., Kravchenko, Y.S., Duran, A., Huffman, T., Morras, H., Studdert, G. Xhang, X., Cruse, R.M. & Yuan, X.H. 2012. Overview of Mollisols in the world: Distribution, land use and management. *Canadian Journal of Soil Science*, 92(3): 383–402. https://doi.org/10.4141/cjss2010–058.

Liu, X., Zhang, S., Zhang, X., Ding, G., & Cruse, R. M. 2011. Soil erosion control practices in northeast China: A mini-review. *Soil and Tillage Research*, 117: 44–48. https://doi.org/10.1016/j.still.2011.08.005.

Liu, X., Zhang, X., Wang, Y., Sui, Y., Zhang, S., Herbert, S.J. & Ding, G. 2010. Soil degradation: a problem threatening the sustainable development of agriculture in northeast China. *Plant, Soil and Environment*, 56(2): 87–97.

Lupwayi, N.Z., May, W.E., Kanashiro, D.A. & Petri, R.M. 2018. Soil bacterial community responses to black medic cover crop and fertilizer N under no-till. *Applied Soil Ecology*, 124: 95–103.

MacDonald, G.K., Bennett, E.M., Potter, P.A. & Ramankutty, N. 2011. Agronomic phosphorus imbalances across the world's croplands. *Proceedings of the National Academy of Sciences*, 108(7): 3086–3091. https://doi.org/10.1073/pnas.1010808108.

Maia, S.M., Ogle, S.M., Cerri, C.C. & Cerri, C.E. 2010. Changes in soil organic carbon storage under different agricultural management systems in the Southwest Amazon Region of Brazil. *Soil and Tillage Research*, 106 (2): 177–184.

Malhi, S. S. & Lemke, R. 2007. Tillage, crop residue and N fertilizer effects on crop yield, nutrient uptake, soil quality and nitrous oxide gas emissions in a second 4-yr rotation cycle. *Soil and Tillage Research,* 96: 269–283.

Malhi, S. S., Grant, C. A., Johnston, A. M. & Gill, K. S. 2001. Nitrogen fertilization management for no-till cereal production in the Canadian Great Plains: a review. *Soil & Tillage Research,* 60(3–4): 101–122.

Malhi, S. S., Nyborg, M., Goddard, T. & Puurveen, D. 2011a. Long-term tillage, straw management and N fertilization effects on quantity and quality of organic C and N in a Black Chernozem soil. *Nutrient Cycling in Agroecosystems,* 90(2): 227–241.

Malhi, S. S., Nyborg, M., Solberg, E. D., Dyck, M. F. & Puurveen, D. 2011b. Improving crop yield and N uptake with long-term straw retention in two contrasting soil types. *Field Crop Research,* 124(3): 378–391.

Malhi, S.S., Brandt, S.A., Lemke, R., Moulin, A.P. & Zentner, R.P. 2009. Effects of input level and crop diversity on soil nitrate-N, extractable P, aggregation, organic C and N, and nutrient balance in the Canadian Prairie. *Nutrient Cycling in Agroecosystems* 84: 1–22.

Mamytov A.M. & Bobrov V.P. 1977. Black Earths of Central Asia (In Russian). Frunze, USSR.

Mamytov, A.M. & Mamytova, G.A. 1988. Soils of the Issyk-Kul Basin and the adjacent territory (In Russian). Frunze, USSR.

Mamytov, A.M. 1973. Features of Soil Formation in Mountainous Conditions (In Russian). Kirghiz Institute of Soil Science, vol. IV . Frunze, USSR.

Mann, L. K. 1986. Changes in soil carbon storage after cultivation. *Soil Sci.,* 142: 279–288.

Manojlović, M., Aćin, V. & Šeremešić, S. 2008. Long-term effects of agronomic practices on the soil organic carbon sequestration in Chernozem. *Archives of Agronomy and Soil Science,* 54(4): 353–367.

Mapfumo, E. Chanasyk, D.S., Naeth, M.A. & Baron, V.S. 1999 Soil compaction under grazing of annual and perennial forages. *Canadian Journal of Soil Science,* 79: 191–199.

MARA (Ministry of Agriculture and Rural Affairs). 2020. northeast Black Soil Conservation Tillage Action Plan, adopted by the Ministry of Agriculture and Rural Affairs. Cited 28 June 2022. http://www.moa.gov.cn/nybgb/2020/202004/202005/t20200507_6343266.htm.

MARA (Ministry of Agriculture and Rural Affairs). 2021. National Implementation Plan on Black Soil Protection (2021–2025), adopted by the Ministry of Agriculture and Rural Affairs of People's Republic of China. Cited 28 June 2022. http://www.moa.gov.cn/ztzl/gdzlbhyjs/htdbhly/202108/P020210804604124115741.pdf.

Maranhão, D.D., Pereira, M.G., Collier, L.S., Anjos, L.H. dos, Azevedo, A.C. & Cavassani, R. de S. 2020. Pedogenesis in a karst environment in the Cerrado biome, northern Brazil. *Geoderma,* 365: 114169.

Martens, J. T., Entz, M. & Wonneck, M. 2013. *Ecological farming systems on the Canadian prairies. A path to profitability, sustainability and resilience.* Manitoba: University of Manitoba.

Matsui K., Takata Y., Matsuura S. & Wagai R. 2021a. Soil organic carbon was more strongly linked with soil phosphate fixing capacity than with clay content across 20 000 agricultural soils in Japan: a potential role of reactive aluminum revealed by soil database approach. *Soil Sci. Plant Nutr.,* 67: 233–242.

Matsui K., Takata Y., Maejima Y., Kubotera H., Obara H. & Shirato Y. 2021b. Soil carbon and nitrogen stock of the Japanese agricultural land estimated by the national soil monitoring database (2015–2018). *Soil Sci. Plant Nutr.* (In press).

Matsumoto Y. 1992. Soil conservation conducted by actual furrowing practice on steep farmland of Kuroboku soil (In Japanese). *J. Jap. Soc. Soil Phys.*, 66: 55–63.

Matsuyama N., Saigusa M. et al., 2005. Acidification and soil productivity of allophanic andosols affected by application of fertilizers. *Soil Sci Plant Nutr.*, 51: 117–123.

McConkey, B.G., Liang, B.C., Campbell, C.A., Curtin, D., Moulin, A., Brandt, S.A. & Lafond, G.P. 2003. Crop rotation and tillage impact on carbon sequestration in Canadian prairie soils. *Soil and Tillage Research,* 74: 8190.

McMichael, C. H., Palace, M. W., Bush, M. B., Braswell, B., Hagen, S., Neves, E. G., Silman M. R., Tamanaha E. K. & Czarnecki, C. 2014. Predicting pre-Columbian anthropogenic soils in Amazonia. *Proceedings of the Royal Society B: Biological Sciences*, 281(1777): 20132475.

Medvedev, V.V. 2012. Soil monitoring of the Ukraine. *The Concept. Results. Tasks.(2nd rev. and adv. edition). Kharkiv: CE City printing house.*

Melo, A.F.D., Souza, C.M.M., Rego, L.G.S., Lima, N.S. & Moura, I.N.B.M. 2017. Pedogênese de chernossolos derivados de diferentes materiais de origem no oeste potiguar. *Revista Agropecuária Científica no Semiárido*, 13: 229–235.

Meng, Q., Zhao, S., Geng, R., Zhao, Y., Wang, Y., Yu, F., Zhang, J. & Ma, J. 2021. Does biochar application enhance soil salinization risk in black soil of northeast China (a laboratory incubation experiment)? *Archives of Agronomy and Soil Science*, 67(11): 1566–1577.

Menšík, L., Hlisnikovský, L. & Kunzová, E. 2019. The state of the soil organic matter and nutrients in the long-term field experiments with application of organic and mineral fertilizers in different soil-climate conditions in the view of expecting climate change. In *Organic fertilizers-history, production and applications*. IntechOpen.

Merante, P., Dibari, C., Ferrise, R., Sánchez, B., Iglesias, A., Lesschen, J. P. Peter, K., Jagadeesh Y., Pete S. & Bindi, M. 2017. Adopting soil organic carbon management practices in soils of varying quality: Implications and perspectives in Europe. *Soil and Tillage Research,* 165: 95–106.

Mermut A. R. & Acton, D. F. 1984. The Age of Some Holocene Soils on the Ear Lake Terraces in Saskatchewan. *Canadian J. Soil Science*, 64: 163–172.

Milić, S., Ninkov, J., Zeremski, T., Latković, D., Šeremešić, S., Radovanović, V. & Žarković, B. 2019. Soil fertility and phosphorus fractions in a calcareous chernozem after a long-term field experiment. *Geoderma*, 339: 9–19.

Ministry of Natural Resources and Environment of the Russian Federation. 2022. Central Black Earth State Reserve named after Professor V.V. Alekhine [In Russian]. In: *Ministry of*

Natural Resources and Environment of the Russian Federation. Russia. Cited 7 June 2022. http://zapoved-kursk.ru/.

Miroshnychenko, M. & Khodakivska, O. 2018. Black soils in Ukraine. International Symposium on Black Soils (ISBS18): Protect Black Soils, Invest in the Future. Charbin.

Misra, R.V., Roy, R.N. & Hiraoka, H. 2003. *On-farm composting methods.* Rome, Italy: UN-FAO. (also available at: http://www.fao.org/docrep/007/y5104e/y5104e00.htm#Contents).

Modernel, P., Rossing, W.A.H., Corbeels, M., Dogliotti, S., Picasso V. & Tittonell, P. 2016. Land use change and ecosystem service provision in Pampas and Campos grasslands of southern South America. *Environmental Research Letters*, 11: 113002.

Mokhtari, M. & Dehghani, M. 2012. Swell-shrink behavior of expansive soils, damage and control. *Electronic Journal of Geotechnical Engineering*, 17: 2673–2682.

Monger, H.C., Kraimer, R.A., Khresat, S., Cole, D.R., Wang, X.J. & Wang, J.P. 2015a. Sequestration of inorganic carbon in soil and groundwater. *Geology,* 43:375–378. doi:10.1130/G36449.1.

Monger, H.C., Sala, O.E., Duniway, M., Goldfus, H., Meir, I.A., Poch, R.M. & Vivoni, E.R. 2015b. Legacy effects in linked ecological–soil–geomorphic systems of drylands. *Frontiers in Ecology and the Environment,* 13(1): 13–19.

Montanarella, L., Panagos, P. & Scarpa, S. 2021. The Relevance of Black Soils for Sustainable Development. *In* D. Dent & B. Boincean, eds. *Regenerative Agriculture*, pp. 69–79. Cham, Springer.

Montanarella, L., Pennock, D.J., McKenzie, N., Badraoui, M., Chude, V., Baptista, I., Mamo, T., Yemefack, M., Aulakh, m.s., Yagi, K., Hong, Suk Young., Vijarnsorn, P., Zhang, G., Arrouays, D., Black, H., Krasilnikov, P., JSobocká, A., Alegre, J., Henriquez, C.R., Mendonça-Santos, M.L., Taboada, M., Espinosa-Victoria, D., AlShankiti, A., AlaviPanah, S.K., Elsheikh, E.A.E.M., Hempel, J., Arbestain, M.C., Nachtergaele, F. & Ronald V. 2016. World's soils are under threat. *Soil*, 2(1): 79–82. https://doi.org/10.5194/soil-2–79–2016.

Moon, D. 2020. Soil Science I. In: The American Steppes: The Unexpected Russian Roots of Great Plains Agriculture, 1870s–1930s. pp. 188–225. Studies in Environment and History. Cambridge, Cambridge University Press. https://doi.org/10.1017/9781316217320.006.

Mora, S. 2003. Archaeobotanical methods for the study of Amazonian Dark Earths. In J. Lehmann, D. Kern, B. Glaser, & W. Woods, eds., *Amazonian Dark Earths: Origin, Properties, Management*, pp. 205–225. Netherlands, Kluwer Academic Publishers.

Morales, M., Otero, J., Van der Hammen, T., Torres, A., Cadena, C., Pedraza, C., Rodríguez, N., Franco, C., Betancourth, J.C., Olaya, E., Posada, E. & L. Cárdenas. 2007. Atlas de páramos de Colombia. Instituto de Investigación de Recursos Biológicos Alexander von Humboldt, pp. 208. Bogotá, D. C.

Morcote-Ríos, G. & Sicard, T.L. 2012. *Las Terras Pretas del Igarapé Takana. Un Sistema de Cultivo Precolombino en Leticia-Amazonas.* Universidad Nacional de Colombia, Bogotá, Colombia.

Moretti, L., Morrás, H., Pereyra, F. & Schulz, G. 2019. Soils of the Chaco Region. In G. Rubio, R. Lavado, & F. Pereyra, eds. *The soils of Argentina*, Chapter 10, pp. 149–160. World Soils Book Series, Switzerland, Springer.

Morrás, H. & Moretti, L. 2016. A new soil-landscape approach to the genesis and distribution of Typic and Vertic Argiudolls in the Rolling Pampa of Argentina. In A. Zinck, G. Metternich, G. Bocco, & H. del Valle eds. *Geopedology – An Integration of Geomorphology and Pedology for Soil and Landscape Studies*, pp. 193–209.

Morrás, H. 2017. Propiedades químicas y físicas de suelos hidromórficos de la fracción norte de los Bajos Submeridionales. In E. Taleisnik & R. Lavado, eds. *Ambientes salinos y alcalinos de la Argentina*, pp. 29–54. Recursos y aprovechamiento productivo. Buenos Aires, Orientación Gráfica Editora.

Morrás, H. 2020. Modelos composicionales y áreas de distribución de los aportes volcánicos en los suelos de la Pampa Norte (Argentina) en base a la mineralogía de arenas. In P. Imbellone & O. Barbosa, eds. *Suelos y Vulcanismo*, pp. 127–167. Buenos Aires, Asociación Argentina de la Ciencia del Suelo.

Morris, N.L., Miller, P.C.H., Orson, J.H. & Froud-Williams, R. J. 2010. The adoption of non-inversion tillage systems in the United Kingdom and the agronomic impact on soil, crops and the environment: A review. *Soil and Tillage Research,* 108(1–2): 1–15.

Mueller, N.D., Gerber, J.S., Johnston, M., Ray, D.K., Ramankutty, N. & Foley, J.A. 2012. Closing yield gaps through nutrient and water management. *Nature*, 490(7419): 254–257. https://doi.org/10.1038/nature11420.

Nanzyo, M., Dahlgren R. & Shoji S. 1993. "Chemical characteristics of volcanic ash soils." In S. Shoji, M. Nanzyo and R. Dahlgren, eds. *Volcanic ash soils – Genesis, Properties and Utilization*, pp. 145–187. The Netherlands, Elsevier.

National Bureau of Statistics of China. 2015. China Statistical Yearbook. http://www.stats.gov.cn/tjsj/ndsj/2015/indexeh.htm.

National report on the state of the environment in Ukraine in 2018. 2020. Kiev. Ministry of Ecology and Natural Resources of Ukraine (In Ukrainian). Cited 1 May 2021. https://mepr.gov.ua/news/35937.html.

Nauman, T.W. & Thompson, J.A. 2014. Semi-automated disaggregation of conventional soil maps using knowledge driven data mining and classification trees. *Geoderma*, 213: 385–399.

Neall, V. E. 2009. Volcanic soils. *Land Use, Land Cover and Soil Sciences,* 7: 23–45.

Neves, E.G., Petersen, J.B., Bartone, R.N. & Heckenberger, M.J. 2004. *The timing of Terra preta formation in the Central Amazon: archaeological data from three sites.* In B. Glaser, & W. Woods, eds. *Explorations in Amazonian Dark Earths*, pp. 125–134.

Ngatia, L., Grace III, J. M., Moriasi, D., & Taylor, R. 2019. Nitrogen and phosphorus eutrophication in marine ecosystems. *Monitoring of Marine Pollution*, 1–17.

Nowatzki, J., Endres, G. & DeJong-Hughes, J. 2017. *Strip Till for Field Crop Production* Pages 1–10. Fargo, US, North Dakota State University express.

Nunes, M.R., Van Es, H.M., Schindelbeck, R., Ristow, A.J. & Ryan, M. 2018. No-till and cropping system diversification improve soil health and crop yield. *Geoderma,* 328: 30–43.

Oades, J.M. 1993. The role of biology in the formation, stabilization and degradation of soil structure. In: L. Brussaard & M.J. Kooistra, eds. *Soil Structure/Soil Biota Interrelationships*. pp. 377–400. Amsterdam, Elsevier. https://doi.org/10.1016/B978–0–444–81490–6.50033–9.

O'Donnell, J. A., Aiken, G. R., Butler, K. D., Guillemette, F., Podgorski, D. C. & Spencer, R. G. 2016. DOM composition and transformation in boreal forest soils: The effects of temperature and organic-horizon decomposition state. *Journal of Geophysical Research*: *Biogeosciences,* 121(10): 2727–2744.

Okuda, T., Fujita, T., Fujie, K., Kitagawa, Y., Saito, M. & Naruse, T. 2007. Influence of eolian dust brought from the Precambrian area in northern Asia on the parent materials in a fine-textured soil developed on the tertiary rock in Mt. Horyu, Noto peninsula, central Japan (In Japanese with English summary). *Pedologist*, 51:104–110.

Oldfield, E.E., Bradford, M.A. & Wood, S.A. 2019. Global meta-analysis of the relationship between soil organic matter and crop yields. *Soil*, 5(1): 15–32. https://doi.org/10.5194/soil-5–15–2019.

Oliveira, I.A., Campos, M.C.C., Freitas, L. & Soares, M.D.R. 2015a. Caracterização de solos sob diferentes usos na região sul do Amazonas. *Acta Amazonica*, 45(3): 1–12.

Oliveira, I.A., Campos, M.C.C., Marques Junior, J., Aquino, R.E., Teixeira, D.B. & Silva, D.M.P. 2015b. Use of scaled semivariograms in the planning sample of soil chemical properties in southern Amazonas, Brazil. *Rev. Bras. Ci Solo*, 39(5): 31–39.

OpenLandMap/global-layers. 2022. In: *GitLab*. Cited 4 April 2022. https://gitlab.com/openlandmap/global-layers.

Otero, J.D., Figueroa, A., Muñoz, F.A. & Peña, M.R. 2011. Loss of soil and nutrients by surface runoff in two agro-ecosystems within an Andean paramo area. *Ecol. Eng.,* 37 (12): 2035–2043.

Ouyang, W., Wu, Y., Hao, Z., Zhang, Q., Bu, Q. & Gao, X. 2018. Combined impacts of land use and soil property changes on soil erosion in a mollisol area under long-term agricultural development. *The Science of the Total Environment*, 613–614: 798–809. https://doi.org/10.1016/j.scitotenv.2017.09.173.

Overbeck, G.E., Müller, S.C., Fidelis, A., Pfadehauer, J., Pillar, V.D., Blanco, C.C., Boldrini, I.I., Both, R. & Foerneck, E.D. 2007. Brazil's neglected biome: The South Brazilian Campos. *Perspectives in Plant Ecology, Evolution and Systematics*, 9:101–116.

Overbeck, G.E., Müller, S.C., Pillar, V.D. & Pfadenhauer, J. 2005. Fine-scale post-fire dynamics in southern Brazilian subtropical grassland. *Journal of Vegetation Science*, 16: 655–664.

Overbeck, G.E., Müller, S.C., Pillar, V.D. & Pfadenhauer, J. 2006. Floristic composition, environmental variation and species distribution patterns in burned grassland in southern Brazil. *Braz. J. Biol*, 66: 1073–1090.

Pape, J.C. 1970. Plaggen soils in the Netherlands. *Geoderma*, 4: 229–255.

Peña-Venegas, C.P. & Vanegas-Cardona, G.I. 2010. *Dinámica de los suelos amazónicos: Procesos de degradación y alternativas para su recuperación.* Instituto Sinchi. Bogotá, Colombia.

Peña-Venegas, C.P., Stomph, T.J., Verschoor, G., Echeverri, J.A. & Struik, P.C. 2016. Classification and Use of Natural and Anthropogenic Soils by Indigenous Communities of the Upper Amazon Region of Colombia. *Hum Ecol*, 44: 1–15. https://doi.org/10.1007/s10745–015–9793–6.

Pepo, P., Vad, A. & Berényi, S. 2006. Effect of some agrotechnical elements on the yield of maize on chernozem soil. *Cereal Research Communications*, 34(1): 621–624.

Peralta, G., Alvarez, C.R. & Taboada, M.Á. 2021. Soil compaction alleviation by deep non-inversion tillage and crop yield responses in no tilled soils of the Pampas region of Argentina. A meta-analysis. *Soil and Tillage Research*, 211: 105022. https://doi.org/10.1016/j.still.2021.105022.

Pereira, M.G., Schiavo J.A., Fontana A., Dias Neto, A.H. & Miranda, L.P.M. 2013. Caracterização e classificação de solos em uma topossequência sobre calcário na serra da Bodoquena, MS. *Rev. Bras. Ci Solo,* 37: 25–36.

Pereyra, F. & Bouza, P. 2019. Soils from the Patagonian Region. In G. Rubio, R. Lavado, & F. Pereyra, eds. *The soils of Argentina Chapter 7*, pp. 101–121. Switzerland, Springer, World Soils Book Series.

Pikul, J.L., Chilom, G., Rice, J., Eynard, A., Schumacher, T.E., Nichols, K., Johnson, J.M.F., Wright, S., Caesar, T. & Ellsbury, M. 2009. Organic matter and water stability of field aggregates affected by tillage in South Dakota. *Soil Science Society of America Journal*, 73: 197–206.

Pillar, V.D., Tornquist, C.G. & Bayer, C. 2012. The southern Brazilian grassland biome: soil carbon stocks, fluxes of greenhouse gases and some options for mitigation. *Brazilian Journal of Biology*, 72:673–681.

Pinto, L.F.S. & Kämpf, N. 1996. Solos derivados de rochas ultrabásicas no ambiente subtropical do Rio Grande do Sul. *Revista Brasileira de Ciência do Solo*, 20: 447–458.

Plisko, I.V., Bigun, O.M., Lebed, V.V., Nakisko, S.G. & Zalavsky, Y.V. 2018. Creation of a national map of organic carbon reserves in the soils of Ukraine. *Agrochemistry and Soil Science*, 87: 57–62.

Podolsky, K., Blackshaw, R.E. & Entz, M.H., 2016. A comparison of reduced tillage implements for organic wheat production in Western Canada. *Agronomy Journal*, 108(5): 2003–2014.

Poeplau, C. & Don, A. 2015. Carbon sequestration in agricultural soils via cultivation of cover crops–A meta-analysis. *Agriculture, Ecosystems & Environment,* 200: 33–41.

Poeplau, C., Don, A., Vesterdal, L., Leifeld, J., Van Wesemael, B., Schumacher, J. & Gensior, A. 2011. Temporal dynamics of soil organic carbon after land-use change in the temperate zone – carbon response functions as a model approach. *Global Change Biology*, 17(7): 2415–2427. https://doi.org/10.1111/j.1365–2486.2011.02408.x.

Polidoro, J. C., Freitas, P.L. de, Hernani, L.C., Anjos, L. H. C., Rodrigues, R. de A. R., Cesário, F.V., Andrade, A. G. & Ribeiro, J. L. 2021. Potential impact of plans and policies based on the principles of Conservation Agriculture on the control of soil erosion in Brazil. *Land Degradation & Development*, 32: 1–12.

Polupan, M.I., Velichko, V.A. & Solovey, V.B. 2015. Development of Ukrainian agronomic soil science: genetic and production bases (In Ukrainian). Kyiv, Ahrarna nauka.

Polupan, N.I. 1988. *Soils of Ukraine and increase of their fertility: Vol. 1. Ecology, regimes and processes, classification and genetic and production aspects* (In Russian). Kiev, Urogaj.

Poulenard, J., Podwojewski, P., Janeau, J.L. & Collinet, J. 2001. Runoff and soil erosion under rainfall simulation of andisols from the ecuadorian páramo: Effect of tillage and burning. *Catena*, 45(3): 185–207.

Pretty, J. 2008. Agricultural sustainability: concepts, principles and evidence. *Philosophical transactions of the Royal Society of London. Series B, Biological sciences*, 363(1491): 447–465.

Pugliese, J.Y., Culman, S.W. & Sprunger, C.D. 2019. Harvesting forage of the perennial grain crop kernza (Thinopyrum intermedium) increases root biomass and soil nitrogen cycling. *Plant and Soil*, 437(1–2): 241–254.

Pylypenko, H.P., Varlamova, N.Y., Borshch, O.V. & Borshch, A.V. 2002. Aridization and desertification of the steppes of southern Ukraine (In Ukrainian). *Bulletin of Odessa National University*, 7 (4): 45–51.

Qiao, Y., Miao, S., Zhong, X., Zhao, H. & Pan, S. 2020. The greatest potential benefit of biochar return on bacterial community structure among three maize-straw products after eight-year field experiment in Mollisols. *Applied Soil Ecology*, 147: 103432.

Qin, Z., Yang, X., Song, Z., Peng, B., Zwieten, L.V., Yue, C., Wu, S., Mohammad, M.Z. & Wang, H. 2021.Vertical distributions of organic carbon fractions under paddy and forest soils derived from black shales: Implications for potential of long-term carbon storage. *Catena*, 198: 105056.

Raza, S., Miao, N., Wang, P., Ju, X., Chen, Z., Zhou, J. & Kuzyakov, Y. 2020. Dramatic loss of inorganic carbon by nitrogen-induced soil acidification in Chinese croplands. *Global Change Biology*, 26(6): 3738–3751. https://doi.org/10.1111/gcb.15101.

Reifenberg, A. 1947. *The Soils of Palestine*. Rev. 2nd ed. Thomas Murbery and Co., London.

Research Conference material. 2015. Strengthening Mongolia's Pastureland Rehabilitation Capacity. Ulaanbaatar, Mongolia.

Rezapour, S. & Alipour, O. 2017. Degradation of Mollisols quality after deforestation and cultivation on a transect with Mediterranean condition. *Environmental Earth Sciences*, 76(22): 755. https://doi.org/10.1007/s12665–017–7099–2.

Richter, D.D. & Babbar, L.I. 1991. Soil Diversity in the Tropics. *Advances in Ecological Research*, 21: 315–389.

Ritter, J. 2012. *Soil erosion – Causes and effects,* OMAFRA Factsheet, Queens Printer for

Ontario, Toronto. Nov 11, 2020. (also aviliable at http://www.omafra.gov.on.ca/english/engineer/facts/12–053.htm).

Roecker, S., Ferguson, C. & Wills, S. *Chapter 2 "Portrait of Black Soils." USA.* The Global Status of Black Soils. A FAO Report (this publication).

Roesch, L.F.W., Vieira, F.C.B., Pereira, V.A., Schünemann, A.L., Teixeira, I.F., Senna, A.J.T. & Stefeno, V.M. 2009. The Brazilian Pampa: A Fragile Biome. *Diversity*, 1: 82–198.

Rogovska, N., Laird, D.A., Rathke, S.J. & Karlen, D.L. 2014. Biochar impact on Midwestern Mollisols and maize nutrient availability. *Geoderma*, 230: 340–347.

Rojas, R.V., Achouri, M., Maroulis, J. & Caon, L. 2016. Healthy soils: a prerequisite for sustainable food security. *Environmental Earth Sciences*, 75(3): 180. https://doi.org/10.1007/s12665–015–5099–7.

Romero, C.M., Hao, X., Li, C., Owens, J., Schwinghamer, T., McAllister, T.A. & Okine, E. 2021. Nutrient retention, availability and greenhouse gas emissions from biochar-fertilized Chernozems. *Catena*, 198: 105046.

Royal Society of London. 2009. Reaping the benefits: Science and the sustainable intensification of global agriculture. The Royal Society. London SW1Y 5AG.

Rubio, G., Lavado, R. S. & Pereyra, F. X. 2019. *The soils of Argentina*. Springer International Publishing.

Rubio, G., Lavado, R., Pereyra, F., Taboada, M., Moretti, L., Rodríguez, D.,Echeverría, H. & Panigatti, J. 2019. Future Issues. In Rubio, G., Lavado, R. & Pereyra, F. eds. *The soils of Argentina. Springer*, World Soils Book Series, Switzerland, Chapter 19, pp. 261–263.

Rubio, G., Pereyra, F. & Taboada, M. 2019. Soils of the Pampean Region. In G. Rubio, R. Lavado, & F. Pereyra, eds. *The Soils of Argentina*, pp. 81–100. Switzerland, Springer, World Soils Book Series.

Russell, A.E., Laird, D.A., Parkin, T.B. & Mallarino, A.P. 2005. Impact of nitrogen fertilization and cropping system on carbon sequestration in Midwestern Mollisols. *Soil Science Society of America Journal*, 69(2): 413–422.

Rusu A. 2017. The influence of the straw applied as a fertilizer on the humus in the ordinary chernozem. In: Proceedings of the International Scientific Conference, dedicated to the 120th anniversary of the birth of Academician Ion Dicusar, 6–7 September 2017, Chisinau, Republic of Moldova. [in Romanian].

Ryan, J., Pala, M., Masri, S., Singh, M. & Harris, H. 2008. Rainfed wheat-based rotations under Mediterranean conditions: Crop sequences, nitrogen fertilization, and stubble grazing in relation to grain and straw quality. *European Journal of Agronomy*, 28(2): 112–118.

Ryan, M.R., Crews, T.E., Culman, S.W., DeHaan, L.R., Hayes, R.C., Jungers, J.M. & Bakker, M.G. 2018. Managing for Multifunctionality in Perennial Grain Crops. *BioScience*, 68: 294–304.

Saigusa M., Matsuyama N. & Abe A. 1992. Distribution of Allophanic Andosols and Nonallophanic Andosols in Japan based on the data of soil survey reports on reclaimed land (In

Japanese with English summary). *Jpn J Soil Sci Plant Nutr,* 63: 646–651.

Sainz-Rozas, H., Echeverría, H. & Angelini, H. 2011. Niveles de materia orgánica y pH en suelos agrícolas de la Región Pampeana y extra-Pampeana argentina. *Ciencia del Suelo*, 29 (1):29–37.

Santos, H.G., Jacomine, P.K.T., Anjos, L.H.C., Oliveira, V.A., Lumbreras, J.F., Coelho, M.R., Almeida, J.A, Araújo Filho, J.C., Oliveira, J.B. & Cunha, T.J.F. 2018a. *Brazilian Soil Classification System. 5th ed. rev. and exp. E-book.* Brasília: Embrapa.

Santos, L.A.C., Araújo, J.K.S., Souza Júnior, V.S., Campos, M.C.C., Corrêa, M.M. & Souza, R.A.S. 2018b. Pedogenesis in an Archaeological Dark Earth – Mulatto Earth Catena over Volcanic Rocks in Western Amazonia, Brazil. *Rev. Bras. Ci Solo*, 42(3): 1–18.

Santos, L.A.C., Campos, M.C.C., Aquino, R.E., Bergamin, A.C., Silva, D.M.P., Marques Junior, J. & Franca, A.B.C. 2013. Caracterização e gênese de terras pretas arqueológicas no sul do Estado do Amazonas. *Rev. Bras. Ci Solo*, 37(5): 825–836.

Sarmiento, F.O. & Frolich, L.M. 2002. Andean cloud forest tree lines: Naturalness, agriculture and the human dimension. *Mt. Res. Dev.*, 22: 278–287.

Sato, M., Tállai, M., Kovács, A.B., Vágó, I., Kátai, J., Matsushima, M.Y., Sudo, S. & Inubushi K. 2022. Effects of a new compost-chemical fertilizer mixture on CO_2 and N_2O production and plant growth in a Chernozem and an Andosol. *Soil Science and Plant Nutrition*, 68(1): 175–182.

Sayegh, A. H. & Salib, A. J. 1969. Some physical and chemical properties of soils in the Beqa'a plain, Lebanon. *Journal of Soil Science*, 20: 167–175.

Schmidt, M.J., Rapp Py-Daniel, A., de Paula Moraes, C., Valle, R.B.M., Caromano, C.F., Texeira, W.G., Barbosa, C.A., Barbosa, C.A., Fonseca, J.A., Magalhães, M.P., Santos, D.S.C., Silva, R.S., Guapindaia, V.L., Moraes, B., Lima, H.P., Neves, E.G. & Heckenberger, M.J. 2014. Dark earths and the human built landscape in Amazonia: a widespread pattern of anthrosol formation. *Journal of Archaeological Science*, 42: 152–165. https://doi.org/10.1016/j.jas.2013.11.002.

Schönbach, P., Wan, H., Gierus, M., Bai, Y., Müller, K., Lin, L., Susenbeth, A. & Taube, F. 2011. Grassland responses to grazing: effects of grazing intensity and management system in an Inner Mongolian steppe ecosystem. *Plant and Soil,* 340(1): 103–115.

Sedov, S., Solleiro-Rebolledo, E., Morales-Puente, P., Arias-Herreìa, A., Vallejo-Gòmez, E. & Jasso- Castañeda, C. 2003. Mineral and organic components of the buried paleosols of the Nevado de Toluca, Central Mexico as indicators of paleoenvironments and soil evolution. *Quaternary International*, 106: 169–184.

Servicio Agrícola y Ganadero (SAG). 2003. El pastizal de Tierra del Fuego. Guía de uso, condición actual y propuesta de seguimiento para determinación de tendencia. *Punta Arenas, XII Región de Magallanes y Antártica Chilena.* Chile, *Gobierno de Chile.*

Servicio Agrícola y Ganadero (SAG). 2004a. El pastizal de Magallanes. Guía de uso, condición actual y propuesta de seguimiento para determinación de tendencia. *XII Región de Magallanes* *y Antártica Chilena, Punta Arenas.* Chile, Gobierno de Chile.

Servicio Agrícola y Ganadero (SAG). 2004b. El pastizal de Última Esperanza y Navarino. Guía de uso, condición actual y propuesta de seguimiento para determinación de tendencia. *XII Región de Magallanes y Antártica Chilena.* Punta Arenas, Chile, Gobierno de Chile.

Sherwood, S. & Uphoff, N. 2000. Soil health: research, practice and policy for a more regenerative agriculture. *Applied Soil Ecology*, 15(1): 85–97.

Shiono, T. 2015. Soil Erosion and Sediment Control Measures for Farmlands in Japan, MARCO International Symposium 2015: Next Challenges of Agro-Environmental Research in Monsoon Asia, 26–28 August 2015. Tsukuba, Japan.

Shiono, T., Okushima S., Takagi A. & Fukumoto M. 2004. Influence of Cabbage Cultivation on Soil Erosion in a Ridged Field with Kuroboku Soil (In Japanese). *Journal of Irrigation Engineering and Rural Planning*, 230: 1–9.

Shoji, S. 1984. Andosols, Exploring its Today's Issues, Kagakutoseibutsu (In Japanese). *Chemistry and Biology*, 22: 242–250.

Shoji, S., Nanzyo M. & Dahlgren R.A. 1993. Volcanic ash soils-genesis, properties and utilization. *Developments in Soil Science 21*, Elsevier, Amsterdam.

Shpedt, A. A. & Aksenova, Y. V. 2021. Modern assessment of soil resources of Kyrgyzstan. *In IOP Conference Series: Earth and Environmental Science Vol. 624, No. 1*, p. 012233. IOP Publishing.

Silveira, V.C.P., Gonzalez, J.A. & Fonseca, E.L. 2017. Land use changes after the period commodities rising price in the Rio Grande do Sul State. *Brazil. Ciência Rural*, 47(4): e20160647.

Skidmore, E. L. 2017. Wind erosion. In *Soil erosion research methods*, pp. 265–294. Routledge.

Smith, A. 2022. A Russia-Ukraine war could ripple across Africa and Asia. In: *Foreign Policy*. Cited 1 June 2022. https://foreignpolicy.com/2022/01/22/russia-ukraine-war-grain-exports-africa-asia/.

Smith, K.L. 1999. *Epidemiology of Anthrax in the Kruger National Park, South Africa: Genetic Diversity and Environment.* LSU Historical Dissertations and Theses. 6962.

Smith, P., Calvin, K., Nkem, J., Campbell, D., Cherubini, F., Grassi, G., Korotkov, V., Hoang, A.L., Lwasa, S., McElwee, P., Nkonya, E., Saigusa, N., Soussana, J., Taboada, M.A., Manning, F.C., Nampanzira, D., Arias-Navarro, C., Vizzarri, M., House, J., Roe, S., Cowie, A., Rounsevell, M. & Arneth, A. 2020. Which practices co-deliver food security, climate change mitigation and adaptation, and combat land degradation and desertification? *Global Change Biology*, 26(3): 1532–1575. https://doi.org/10.1111/gcb.14878.

Smith, P., House, J.I., Bustamante, M., Sobocká, J., Harper, R., Pan, G., West, P.C., Clark, J.M., Adhya, T., Rumpel, C., Paustian, K., Kuikman, P., Cotrufo, M.F., Elliott, J.A., McDowell, R., Griffiths, R.I., Asakawa, S., Bondeau, A., Jain, A.K., Meersmans, J. & Pugh, T.A.M. 2016. Global change pressures on soils from land use and management. *Global Change Biology*, 22(3): 1008–1028. https://doi.org/10.1111/gcb.13068.

Snyder, R.L. & Melo-Abreu, J. de. 2005. Frost protection: fundamentals, practice and economics. Volume 1. FAO.

Soil Science Society of America (SSSA). 2008. Glossary of soil science terms. [online]. [Cited 19 February 2020]. https://www.soils.org/publications/soils-glossary.

Soil Science Society of America (SSSA). 2020. Glossary of terms. [Online]. [Cited 27 November 2020]. https://www.soils.org/publications/soils-glossary#.

Soil Survey Staff. 1999. *Soil taxonomy: A basic system of soil classification for making and interpreting soil surveys.* Second edition. U.S. Department of Agriculture Handbook No. 436. Natural Resources Conservation Service.

Soil Survey Staff. 2014. Keys to Soil Taxonomy, 12th ed. USDA-Natural Resources Conservation Service, Washington, DC.

Sojka, R.E. & Bjorneberg, D.L. 2017. *Encyclopedia of Soil Science.* Boca Raton, USA, CRC Press.

Sollenberger, L. E., Kohman, M. M., Dubeux, Jr. J. C. B. & Silveira, M. L. 2019. Grassland Management Affects Delivery of Regulating and Supporting Ecosystem Services. *Crop Science,* 59: 441–459.

Sollenberger, L.E., Agouridis, C.T., Vanzant, E.S., Franzluebbers, A.J. & Owens, L.B. 2012. *Conservation outcomes from pastureland and hayland practices: Assessment, Recommendations, and Knowledge Gaps.* Lawrence, KS, Allen Press.

Sombroek, W. I. M., Ruivo, M. D. L., Fearnside, P. M., Glaser, B. & Lehmann, J. 2003. Amazonian dark earths as carbon stores and sinks. *In Amazonian dark earths,* pp: 125–139. Dordrecht, Springer.

Song, Z., Gao, H., Zhu, P., Peng, C., Deng, A., Zheng, C., AbdulMannaf, M., NurulIslam, M. & Zhang, W. 2015. Organic amendments increase corn yield by enhancing soil resilience to climate change. *The Crop Journal*, 3(2): 110–117.

Sorokin, A., Owens, P., Láng, V., Jiang, Z.-D., Michéli, E. & Krasilnikov, P. 2021. "Black soils" in the Russian Soil Classification system, the US Soil Taxonomy and the WRB: Quantitative correlation and implications for pedodiversity assessment. *Catena,* 196: 104824.

Soussana, J.F., Lutfalla, S., Ehrhardt, F., Rosenstock, T., Lamanna, C., Havlík, P., Richards, M., Wollenberg, Eva (Lini)., Chotte, Jean-Luc., Torquebiau, Emmanuel., Ciais, Philippe., Smith, Pete. & Lal, Rattan. 2019. Matching policy and science: Rationale for the '4 per 1000 – soils for food security and climate' initiative. *Soil and Tillage Research*, 188: 3–15. https://doi.org/10.1016/j.still.2017.12.002.

SSSA (Soil Science Society of America). 2015. Desertification and the American Dust Bowl. Cited 6 June 2022. https://www.soils.org/files/sssa/iys/dust-bowl-activity.pdf.

St. Luce, M., Lemke, R., Gan, Y., McConkey, B., May, W.E., Campbell, C., Zentner, R., Wang, H., Kroebel, R., Fernandez, M. & Brandt, K. 2020. Diversifying cropping systems enhances productivity, stability, and nitrogen use efficiency. *Agronomy Journal*, 112(3): 1517–1536.

Stainsby, A., May, W.E., Lafond, G.P. & Entz, M.H. 2020. Soil aggregate stability increased with a self-regenerating legume cover crop in low-nitrogen, no-till agroecosystems of Saskatchewan, Canada. *Canadian Journal of Soil Science*, 100: 314–318.

Steffan, J.J., Brevik, E.C., Burgess, L.C. & Cerdà, A. 2018. The effect of soil on human health: an overview. *European Journal of Soil Science*, 69(1): 159–171. https://doi.org/10.1111/ejss.12451.

Stewart, W. M., Dibb, D. W., Johnston, A. E. & Smyth, T. J. 2005. The contribution of commercial fertilizer nutrients to food production. *Agronomy Journal*, 97(1): 1–6.

Strauch, B. & Lira, R. 2012. Bases para la producción ovina en Magallanes. *Instituto de Investigaciones Agropecuarias, Boletín INIA Nº 244, pp.* 154. Punta Arenas, Chile, Centro Regional de Investigación Kampenaike.

Stupakov, A.G., Orekhovskaya, A.A., Kulikova, M.A., Manokhina, L.A., Panin, S.I. & Geltukhina, V.I. 2019. Ecological and agrochemical bases of the nitrogen regime of typical chernozem depending on agrotechnical methods. *Conference Series: Earth and Environmental Science*, pp. 052027. IOP Publishing.

Sun, B., Jia, S., Zhang, S., McLaughlin, N.B., Zhang, X., Liang, A., Chen, X., Wei, S. & Liu, S. 2016. Tillage, seasonal and depths effects on soil microbial properties in black soil of northeast China. *Soil and Tillage Research*, 155: 421–428.

Taboada, M.Á., Costantini, A.O., Busto, M., Bonatti, M. & Sieber, S. 2021. Climate change adaptation and the agricultural sector in South American countries: Risk, vulnerabilities and opportunities. *Rev. Bras. Ciênc. Solo*, 45. https://doi.org/10.36783/18069657rbcs20210072.

Tahat, M.M., Alananbeh, K.M., Othman, Y.A. & Leskovar, D.I. 2020. Soil health and sustainable agriculture. *Sustainability*, 12: 48–59.

Takata, Y., Kawahigashi, M., Kida, K., Tani, M., Kinoshita, R., Ito, T., Shibata, M., Takahashi, T., Fujii, K., Imaya, A, Obara, H., Maejima, Y., Kohyama, K, & Kato, T. 2021. Major Soil Types, In R. Hatano, H. Shinjo & Y. Takata eds. *The Soil of Japan*, pp. 69–134, Springer.

Taniyama, S. 1990. The Future Direction of Agricultural Engineering in Japan With relation to the 7th ICID Afro-Asian regional conference in Tokyo. *Journal of Irrigation Engineering and Rural Planning*, 19: 1–6.

Tarzi, J. G. & Paeth, R. C. 1975. Genesis of a Mediterranean red and a white rendzina soil from Lebanon. *Soil Science*, 120: 272–277.

Teixeira, W.G. & Martins, G.C. 2003. Soil physical characterization. In Lehmann *et al.,* eds. *Amazonia Dark Earths: Origin, properties, management.* pp. 271–286. Printed in Netherlands, Kluwer Academic Publishers.

Tenuta, M., Gao, X., Flaten, D. N. & Amiro, B. D. 2016. Lower nitrous oxide emissions from anhydrous ammonia application prior to soil freezing in late fall than spring pre-plant application. *Journal of Environmental Quality,* 45(4): 1133–1143.

Thiessen Martens, J.R. & Entz, M.H. 2001. Availability of late-season heat and water resources for relay and double cropping with winter wheat in prairie Canada. *Canadian Journal of Plant Science*, 81(2): 273–276.

Thiessen Martens, J.R., Entz, M.H. & Hoeppner, J.W. 2005. Legume cover crops with winter cereals in southern Manitoba: Fertilizer replacement values for oat. *Canadian Journal of Plant Science*, 85: 645–648.

Thiessen Martens, J.R., Entz, M.H. & Wonneck, M.D. 2015. Redesigning Canadian prairie cropping systems for profitability, sustainability, and resilience. *Canadian Journal of Plant Science*, 95(6): 1049–1072.

Thiessen Martens, J.R., Hoeppner, J.W. & Entz, M.H. 2001. Legume cover crops with winter cereals in southern Manitoba: Establishment, productivity, and microclimate effects. *Agronomy Journal*, 93(5): 1086–1096.

Thorup-Kristensen, K., Dresbøll, D. B. & Kristensen, H. L. 2012. Crop yield, root growth, and nutrient dynamics in a conventional and three organic cropping systems with different levels of external inputs and N re-cycling through fertility building crops. *European Journal of Agronomy*, 37(1): 66–82.

Tilman, D., Balzer, C., Hill, J. & Befort, B.L. 2011. Global food demand and the sustainable intensification of agriculture. *Proceedings of the National Academy of Sciences*, 108(50): 20260–20264. https://doi.org/10.1073/pnas.1116437108.

Tisdall, J.M. & Oades, J.M. 1982. Organic matter and water-stable aggregates in soils. *Journal of Soil Science*, 33(2): 141–163. https://doi.org/10.1111/j.1365–2389.1982.tb01755.x.

Tong, Y. 2018. Influence of crop conversion on SOC, soil pH and soil erosion in mollisols region of Songnen Plain. China Agricultural University. PhD dissertation.

Tong, Y., Liu, J., Li, X., Sun, J., Herzberger, A., Wei, D., Zhang, W., Dou, Z. & Zhang, F. 2017. Cropping system conversion led to organic carbon change in China's Mollisols regions. *Scientific Reports*, 7(1): 1–9.

Twerdoff, D.A., Chanasyk, D.S., Mapfumo, E., Naeth, M.A. & Baron, V.S. 1999a. Impacts of forage grazing and cultivation on near surface relative compaction. *Canadian Journal of Soil Science*, 79: 465–471.

Twerdoff, D.A., Chanasyk, D.S., Naeth, M.A. & Baron, V.S. 1999b. Soil water regimes under rotational grazing of annual and perennial forages. *Canadian Journal of Soil Science*, 79: 627–637.

Unified Land Fund Classification Report. 2019. Ulaanbaatar. Department of Land Affairs and Geodesy under the Ministry of Construction and Urban Development. University of Saskatchewan. 2020. Soils of Saskatchewan. University of Saskatchewan. November 24, 2020. (also available at https://soilsofsask.ca/soil-classification/chernozemic-soils.php).

USDA. 2014. *Keys to Soil Taxonomy*. Soil Survey Staff. Twelfth Edition.

Vaisman, I., Entz, M.H., Flaten, D.N. & Gulden, R.H. 2011. Blade roller–green manure interactions on nitrogen dynamics, weeds, and organic wheat. *Agronomy Journal*, 103(3): 879–889.

Valle, S., Radic, S. & Casanova, M. 2015. Soils associated to three important grazing vegetal communities in South Patagonia. *Agrosur,* 43(2): 89–99.

Van der Hammen, T., Pabón-Caicedo, J.D., Gutiérrez, H. & J.C. Alarcón. 2002. El cambio global y los ecosistemas de alta montaña de Colombia.In: C. Castaño Uribe, ed. *Páramos y ecosistemas altoandinos de Colombia en condición hotspot y global climatic tensor,* pp. 163–209. Bogotá, D.C., Colombia, IDEAM.

Van der Merwe, G.M.E., Laker, M.C. & Bühmann, C. 2002a. Factors that govern the formation of melanic soils in South Africa. *Geoderma,* 107: 165–176.

Van der Merwe, G.M., Laker, M.C. & Bühmann, C. 2002b. Clay mineral associations in melanic soils of South Africa. *Soil Research,* 40: 115–126.

Van Hofwegen, G., Kuyper, T.W., Hoffland, E., Van den Broek, J.A. & Becx, G.A. 2009. Opening the black box: Deciphering carbon and nutrient flows in Terra Preta. *In Amazonian Dark Earths: Wim Sombroek's Vision,* pp. 393–409. Springer, Dordrecht.

Van Poollen, H.W. & Lacey, J.R. 1979. Herbage Response to Grazing Systems and Stocking Intensities. *Journal of Range Management,* 32(4): 250–253.

Venterea, R.T., Maharjan, B. & Dolan, M.S. 2011. Fertilizer source and tillage effects on yield-scaled nitrous oxide emissions in a corn cropping system. *Journal of Environmental Quality,* 40(5): 1521–1531.

Veum, K.S., Kremer, R.J., Sudduth, K.A., Kitchen, N.R., Lerch, R.N., Baffaut, C., Stott, D.E., Karlen, D.L. & Sadler, E.J. 2015. Conservation effects on soil quality indicators in the Missouri Salt River Basin. *Journal of Soil and Water Conservation,* 70(4):232–246.

Viglizzo, E., Frank, F., Carreño, L., Jobbagy, E., Pereyra, H., Clattz, J., Pincén, D. & Ricard, F. 2010. Ecological and environmental footprint of 50 years of agricultural expansion in Argentina. *Global Change Biology,* doi: 10.1111/j.1365–2486.2010.02293.x.

Villarreal, R., Lozano, L.A., Polich, N., Salazar, M.P., Barraco, M. & Soracco, C.G. 2022. Cover crops effects on soil hydraulic properties in two contrasting Mollisols of the Argentinean Pampas region. *Soil Science Society of America Journal.*

Vinton, M.A. & Burke, I.C. 1995. Interactions between Individual Plant Species and Soil Nutrient Status in Shortgrass Steppe. *Ecology,* 76(4): 1116–1133.

Voronov, S.I. & Mamytova, B.A. 1987. *Humus state and calculation of humus balance in soils of Chui valley of Kyrgyz SSR* (In Russian). *In: Scientific-applied questions of preservation and increase of fertility of soils of Kyrgyzstan.* Frunze, Kyrgyz SSR, USSR.

Vyatkin, K.V., Zalavsky, Y.V., Bigun, O.N., Lebed, V.V., Sherstyuk, A.I., Plisko, I.V. & Nakisko, S.G. 2018. Creation of a national map of organic carbon reserves in the soils of Ukraine using digital methods of soil mapping (In Russian). *Soil Science and Agrochemistry,* 2: 5–17.

Vyn, T.J. & Raimbault, B.A. 1993. Long-term effect of five tillage systems on corn response and soil structure. *Agronomy Journal,* 85: 1074–1079.

Wagg, C., Bender, S.F., Widmer, F. & Van Der Heijden, M.G. 2014. Soil biodiversity and soil community composition determine ecosystem multifunctionality. *Proceedings of the National Academy of Sciences*, 111(14): 5266–5270.https://doi.org/10.1073/pnas.1320054111.

Waller, S. S. & Lewis, J. K. 1979. Occurrence of C3 and C4 photosynthetic pathways in North America grasses. *J. Range Manage.* 32: 12–28.

Wang, J., Monger, C., Wang, X., Serena, M. & Leinauer, B. 2016. Carbon Sequestration in Response to Grassland–Shrubland–Turfgrass Conversions and a Test for Carbonate Biomineralization in Desert Soils, New Mexico, USA. *Soil Sci. Soc. Amer. J.*, 80: 1591–1603.

Wang, Z., Mao, D., Li, L., Jia, M., Dong, Z., Miao, Z., Ren, C. & Song, C. 2015. Quantifying changes in multiple ecosystem services during 1992–2012 in the Sanjiang Plain of China. *Science of the Total Environment*, 514: 119–130.

Weesies, G.A., Schertz, D.L. & Kuenstler, W.F. 2017. Erosion: Agronomic practices. In R.B. Lal, ed. *Encyclopedia of Soil Science*. Boca Raton, USA, CRC Press.

Wei, D., Qian, Y., Zhang, J., Wang, S., Chen, X., Zhang, X. & Li, W. 2008. Bacterial community structure and diversity in a black soil as affected by long-term fertilization. *Pedosphere*, 18(5): 582–592.

Wen, Y., Kasielke, T., Li, H., Zhang, B. & Zepp, H. 2021. May agricultural terraces induce gully erosion? A case study from the black soil Region of northeast China. *Sci. Total. Environ.*, 750: 141715.

Winckell, A., Zebrowski, C. & Delaune, M. 1991. Evolution du modèle Quaternaire et des formations superficielles dans les Andes de l'Équateur. *Géodynamique*, 6: 97–117.

Woods, W.I. & Mann, C.C. 2000. Earthmovers of the Amazon. *Science*, 287: 786–789.

World Bank. 2022. *"War in the Region" Europe and Central Asia Economic Update (Spring)*. Washington, DC, World Bank. https://www.worldbank.org/en/region/eca/publication/europe-and-central-asia-economic-update.

Xie, H., Li, J., Zhu, P., Peng, C., Wang, J., He, H. & Zhang, X. 2014. Long-term manure amendments enhance neutral sugar accumulation in bulk soil and particulate organic matter in a Mollisol. *Soil Biology and Biochemistry*, 78: 45–53.

Xinhua News Agency. 2022. Black soil protection law comes into act on August 1. Beijing, China. Cited 24 June 2022. http://www.news.cn/legal/2022–06/24/c_1128773849.htm.

Xu, X., Pei, J., Xu, Y. & Wang, J. 2020. Soil organic carbon depletion in global Mollisols regions and restoration by management practices: A review. *Journal of Soils and Sediments*, 20(3): 1173–1181. https://doi.org/10.1007/s11368–019–02557–3.

Xu, X., Xu, Y., Chen, S., Xu, S. & Zhang, H. 2010. Soil loss and conservation in the black soil region of northeast China: A retrospective study. *Environmental Science & Policy*, 13(8): 793–800. https://doi.org/10.1016/j.envsci.2010.07.004.

Yagasaki, Y. & Shirato, Y. 2014. Assessment on the rates and potentials of soil organic carbon sequestration in agricultural lands in Japan using a process-based model and spatially explicit land-use change inventories – Part 1: Historical trend and validation based on nation-wide soil monitoring. *Biogeosciences*, 11: 4429–4442.

Yang, W., Guo, Y., Wang, X., Chen, C., Hu, Y., Cheng, L. & Gu, S. 2017. Temporal variations of soil microbial community under compost addition in black soil of northeast China. *Applied Soil Ecology*, 121: 214–222.

Yang, Z., Guan, Y., Bello, A., Wu, Y., Ding, J., Wang, L. & Yang, W. 2020. Dynamics of ammonia oxidizers and denitrifiers in response to compost addition in black soil, northeast China. *PeerJ*, 8: e8844.

Yao, Q., Liu, J., Yu, Z., Li, Y., Jin, J., Liu, X. & Wang, G. 2017. Three years of biochar amendment alters soil physiochemical properties and fungal community composition in a black soil of northeast China. *Soil Biology and Biochemistry*, 110: 56–67.

Yatsuk, I.P. 2015. *Periodic report on the state of soils on agricultural lands of Ukraine according to the results of the 9th round (2006–2010) of agrochemical survey of lands* (In Ukrainian). Kyiv, DU «Derzhgruntokhorona».

Yatsuk, I.P. 2018. Scientific bases of restoration of natural potential of agroecosystems of Ukraine (In Ukrainian). Institute of Agroecology and Nature Management of the National Academy of Agrarian Sciences of Ukraine, Kyiv. PhD dissertation.

Yusufbekov, Y. 1968. *Improvement of Pastures and Hayfields of Pamir and Alay Valley* (In Russian). Dushanbe, Donish, Tajik SSR, USSR.

Zanaga, D., Van De Kerchove, R., De Keersmaecker, W., Souverijns, N., Brockmann, C., Quast, R., Wevers J., Grosu, A., Vergnaud, S., Cartus, O., Santoro, M., Fritz, S., Georgieva, I., Lesiv, M., Carter, S., Herold, M., Li, L., Tsendbazar, N., Ramoino, F. & Arino, O. 2021. ESA WorldCover 10 m 2020 v100. *Zenodo*. Geneve, Switzerland.

Zárate, M. 2003. Loess of southern South America. *Quaternary Science Review*, 22: 1987–2006.

Zatula, V.I. & Zatula, N.I. 2020. Aridization of Ukraine's climate and its impact on agriculture (In Ukrainian). The Impact of Climate Change on Spatial Development of Earth's Territories: Implications and Solutions. 3rd International Scientific and Practical Conference, 121–124.

Zentner, R. P., Lafond, G. P., Derksen, D. A., Nagy, C. N., Wall, D. D. & May, W. E. 2004. Effects of tillage method and crop rotation on non-renewable energy use efficiency for a thin Black Chernozem in the Canadian Prairies. *Soil and Tillage Research*, 77(2): 125–136.

Zentner, R. P., Stephenson, J., Campbell, C., Bowren, K., Moulin, A. & Townley-Smith, L. 1990. Effects of rotation and fertilization on economics of crop production in the Black soil zone of north-central Saskatchewan. *Canadian Journal of Plant Science*, 70(3): 837–851.

Zhang, J., Beusen, A.H.W., Van Apeldoorn, D.F., Mogollón, J.M., Yu, C. & Bouwman, A.F. 2017. Spatiotemporal dynamics of soil phosphorus and crop uptake in global cropland during the 20th century. *Biogeosciences*, 14(8): 2055–2068. https://doi.org/10.5194/bg-14–2055–2017.

Zhang, J., An, T. & Chi, F. 2019. Evolution over years of structural characteristics of humic acids in black soil as a function of various fertilization treatments. *J. Soils. Sediments*, 19: 1959–1969.

Zhang, S., Li, Q., Lü, Y., Zhang, X. & Liang, W. 2013. Contributions of soil biota to C sequestration varied with aggregate fractions under different tillage systems. *Soil Biology and Biochemistry*, 62: 147–156.

Zhang, S., Wang, Y. & Shen, Q. 2018. Influence of straw amendment on soil physicochemical properties and crop yield on a consecutive mollisol slope in northeastern China. *Water*, 10(5): 559.

Zhang, W., Gregory, A., Whalley, W.R., Ren, T. & Gao, W. 2021. Characteristics of soil organic matter within an erosional landscape under agriculture in northeast China: stock, source, and thermal stability. *Soil. Tillage. Res,* 209: 104927.

Zhang, X.Y. & Liu X. B. 2020. Key Issues of Mollisols Research and Soil Erosion Control Strategies in China. *Bulletin of Soil and Water Conservation*, 40(4): 340–344.

Zhang, Y., Hartemink, A.E., Huang, J. & Minasny, B. 2021b. Digital Soil Morphometrics. In: *Reference Module in Earth Systems and Environmental Sciences*. Elsevier.https://doi.org/10.1016/B978–0–12–822974–3.00008–2.

Zhang, Z., Zhang, X., Jhao, J., Zhang, X. & Liang, W. 2015. Tillage and rotation effects on community composition and metabolic footprints of soil nematodes in a black soil. *European Journal of Soil Biology,* 66: 40–48.

Zhou, G., Zhou, X., He, Y., Shao, J., Hu, Z., Liu, R., Zhou, H. & Hosseinibai, S. 2017. Grazing intensity significantly affects belowground carbon and nitrogen cycling in grassland ecosystems: a meta-analysis. *Global Change Biology,* 23(3): 1167–1179.

Zhou, J., Jiang, X., Zhou, B., Zhao, B., Ma, M., Guan, D. & Qin, J. 2016. Thirty four years of nitrogen fertilization decreases fungal diversity and alters fungal community composition in black soil in northeast China. *Soil Biology and Biochemistry*, 95: 135–143.

Zimmermann, M., Meir, P., Silman, M. R., Fedders, A., Gibbon, A., Malhi, Y. & Zamora, F. 2010. No differences in soil carbon stocks across the tree line in the Peruvian Andes. *Ecosystems*, 13(1): 62–74.

Zúñiga-Escobar, O., Peña-Salamanca, E.J., Torres-González, A.M., Cuero-Guependo, R. & Peña-Ospina, J.A. 2013. Assessment of the impact of anthropic activities on carbon storage in soils of high montane ecenosystems in Colombia. *Agronomía Colombiana*, 31(1): 112–119.

Zvomuya, F., Rosen C.J., Russelle M.P. & Gupta S.C. 2003. Nitrate leaching and nitrogen recovery following application of polyolefin-coated urea to potato. *Journal of Environmental Quality*, 32: 480–489.

图书在版编目（CIP）数据

全球黑土现状 ／ 联合国粮食及农业组织编著；高战荣等译. —— 北京 ：中国农业出版社，2025.6. —— （FAO中文出版计划项目丛书）. —— ISBN 978-7-109-33181-5

Ⅰ. S155.2

中国国家版本馆CIP数据核字第2025W89738号

著作权合同登记号：图字01-2024-6558号

全球黑土现状

QUANQIU HEITU XIANZHUANG

中国农业出版社出版

地址：北京市朝阳区麦子店街18号楼

邮编：100125

责任编辑：郑 君　　文字编辑：郝小青

版式设计：王 晨　　责任校对：张雯婷

印刷：北京通州皇家印刷厂

版次：2025年6月第1版

印次：2025年6月北京第1次印刷

发行：新华书店北京发行所

开本：700mm×1000mm　1/16

印张：14.5

字数：276千字.

定价：128.00元